"十四五"职业教育河南省规划教材

高职高专机电专业"互联网+"创新规划教材

机械制图习题集

主　编◎陈继斌

内 容 简 介

本习题集与陈继斌教授主编的《机械制图》——"十四五"首批职业教育河南省规划教材配套使用。 本习题集内容的编排顺序与配套教材同步,习题难易程度适中。 本习题集包括制图的基本知识与基本技能,点、直线和平面的投影,立体的视图,轴测图,机件的图样画法,尺寸标注方法,标准件与常用件,零件图,装配图。

本套教材可作为高等职业院校装备制造大类、交通运输大类、能源动力与材料大类、电子与信息大类、化工技术大类、轻工纺织大类等机械类和近机类专业的教材和教学参考用书,也可作为中等职业院校的教材和教学参考用书,还可作为相关技术人员的培训和参考用书。

图书在版编目(CIP)数据

机械制图习题集 / 陈继斌主编. —北京:北京大学出版社,2022.8
高职高专机电专业 "互联网+" 创新规划教材
ISBN 978-7-301-33251-1

Ⅰ.①机… Ⅱ.①陈… Ⅲ.①机械制图—高等职业教育—习题集 Ⅳ.①TH126-44

中国版本图书馆 CIP 数据核字(2022)第 146585 号

书　　　名	机械制图习题集 JIXIE ZHITU XITIJI
著作责任者	陈继斌　主编
策 划 编 辑	童君鑫
责 任 编 辑	黄红珍
标 准 书 号	ISBN 978-7-301-33251-1
出 版 发 行	北京大学出版社
地　　　址	北京市海淀区成府路 205 号　100871
网　　　址	http://www.pup.cn　新浪微博:@北京大学出版社
电 子 信 箱	编辑部邮箱:pup6@pup.cn　总编室邮箱:zpup@pup.cn
电　　　话	邮购部 010-62752015　发行部 010-62750672　编辑部 010-62750667
印 刷 者	三河市博文印刷有限公司
经 销 者	新华书店
	787 毫米×1092 毫米　16 开本　10.5 印张　123 千字 2022 年 8 月第 1 版　2023 年 8 月第 2 次印刷
定　　　价	32.00 元

未经许可,不得以任何方式复制或抄袭本书之部分或全部内容。
版权所有,侵权必究
举报电话:010-62752024　电子信箱:fd@pup.pku.edu.cn
图书如有印装质量问题,请与出版部联系,电话:010-62756370

前　　言

本习题集与陈继斌教授主编的《机械制图》——"十四五"首批职业教育河南省规划教材配套使用。本习题集内容的编排顺序与配套教材同步。

本习题集具有如下特点。

(1) 全面贯彻最新的国家标准和相关行业标准，注重对学生标准意识和规范意识的培养。

(2) 可满足不同学时、不同专业、不同学生的需要，便于教师因材施教。

(3) 习题由浅入深、由易到难，循序渐进，符合学生的认识规律，有利于培养学生的学习兴趣和信心。

(4) 基本做到每堂课后均有对应的习题，使学生学完基本知识后有题可练，并及时消化、巩固课堂所学内容，有利于培养学生分析问题和解决问题的能力。

(5) 从培养学生的读图和绘图能力出发，注重理论联系实际，以期提高学生的空间想象力和思维能力。

(6) 以"互联网+"教材模式，通过二维码，链接了相关的教学视频资料，学生可以通过移动设备扫描书中的二维码，进行相应知识点的拓展学习。

本习题集由郑州轨道工程职业学院陈继斌教授主编，参与本习题集编写的有郑州轨道工程职业学院高云闯、马文超、谢变、罗自英、王英豪、瞿峥嵘。本习题集由陈继斌教授统稿。

本习题集由湖南大学滕召胜教授主审。滕召胜教授在审读过程中提出了不少改进意见，在此我们表示衷心的感谢。

本习题集虽然经过反复修改，但限于编者的水平，书中难免会有不妥之处，恳请广大读者批评指正。

编　者

2022 年 04 月

目　　录

第 1 章　制图的基本知识与基本技能 …………………………… 1

第 2 章　点、直线和平面的投影 ………………………………… 7

第 3 章　立体的视图 ……………………………………………… 11

第 4 章　轴测图 …………………………………………………… 28

第 5 章　机件的图样画法 ………………………………………… 34

第 6 章　尺寸标注方法 …………………………………………… 51

第 7 章　标准件与常用件 ………………………………………… 59

第 8 章　零件图 …………………………………………………… 68

第 9 章　装配图 …………………………………………………… 75

第1章　制图的基本知识与基本技能

1.1　制图国家标准的基本规定

1. 将下列字体按照国家标准的要求抄写在空白处。

机械制图职业技术要求审核校对比例其余加工零

部件数量螺纹栓母垫圈键销柱弹簧铸造经时效均匀分布轴承座

0123456789ØR　　abcdefghijklmnopqrstuvwxyz

ABCDEFGHIJKLMNOPQRSTUVWXYZ

| 班级 | | 姓名 | | 学号 | |

第1章 制图的基本知识与基本技能

2. 在指定位置按示范图线抄画下列各种图线。

(1)

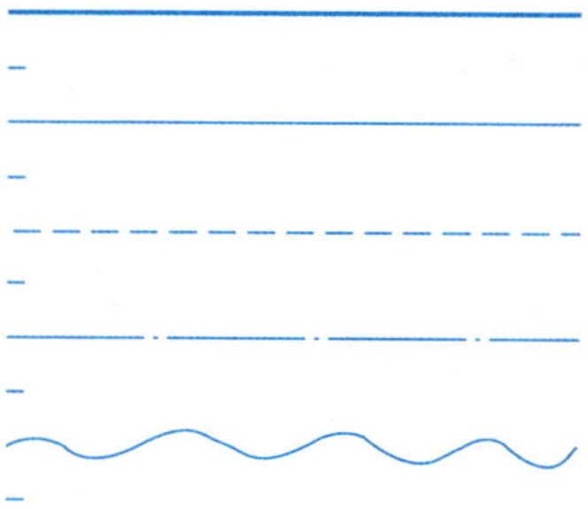

(2)

(3)

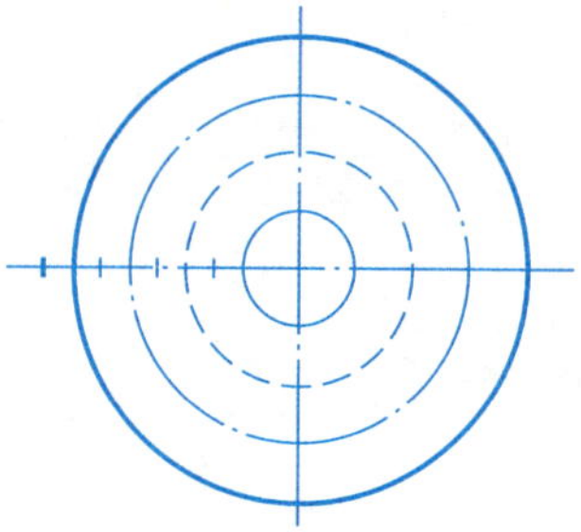

(4)

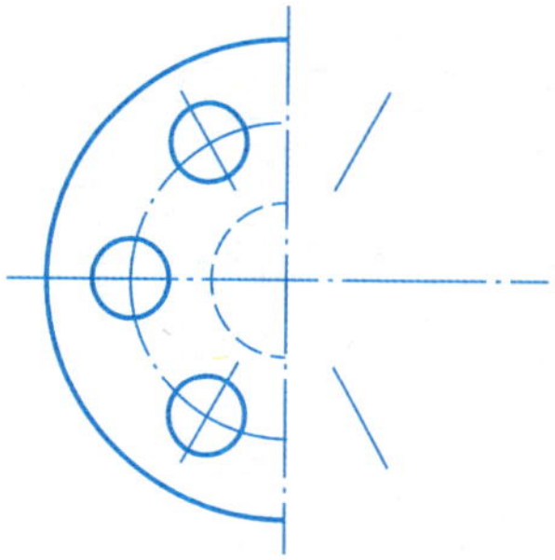

| 班级 | | 姓名 | | 学号 | |

第1章 制图的基本知识与基本技能

1.2 几何作图

斜度的画法

锥度的画法

1. 作圆的内接正三角形。

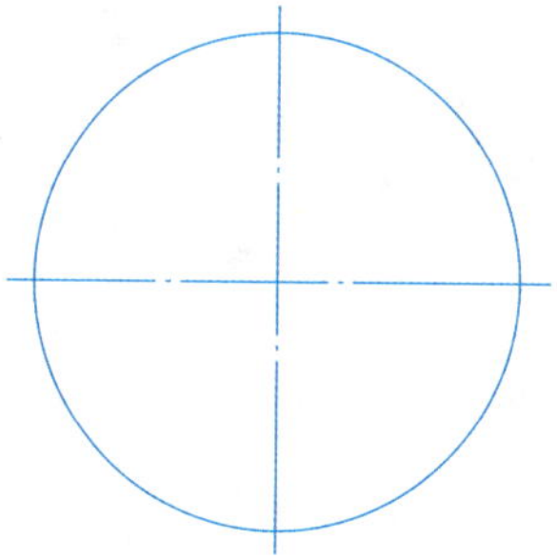

2. 作圆的内接正五边形。

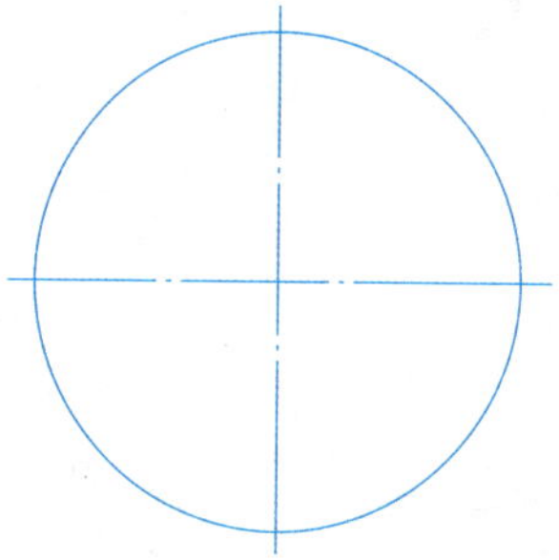

3. 参照右上角示意图作斜度（保留作斜度时所绘制的辅助线）。

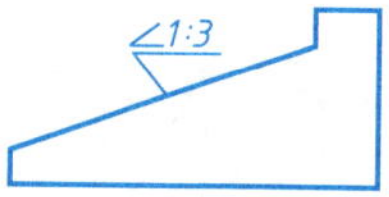

4. 参照右上角示意图作锥度（保留作锥度时所绘制的辅助线）。

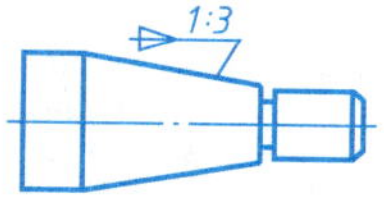

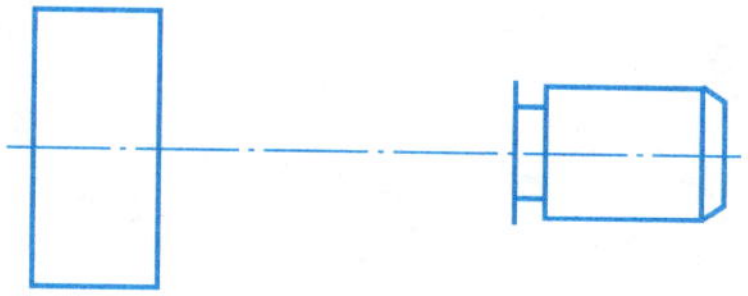

第 1 章 制图的基本知识与基本技能

5. 参照作图原理及图例，在指定位置用给定的半径作圆弧连接（保留作图时所绘制的辅助线）。

(1)

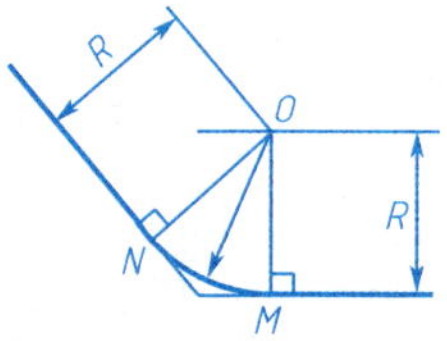

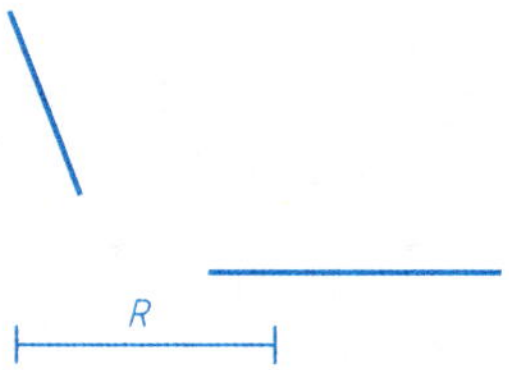

(2)

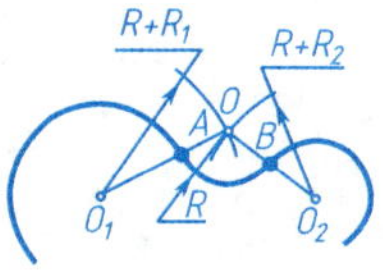

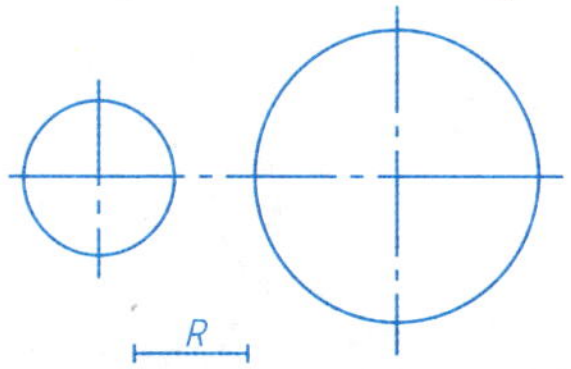

(3)

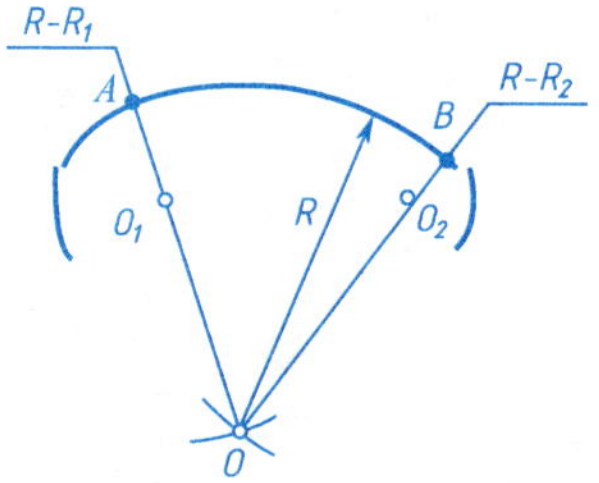

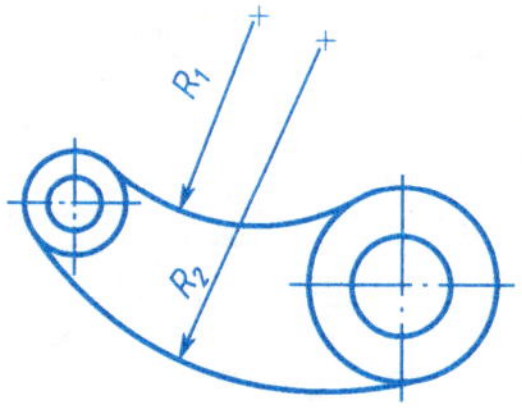

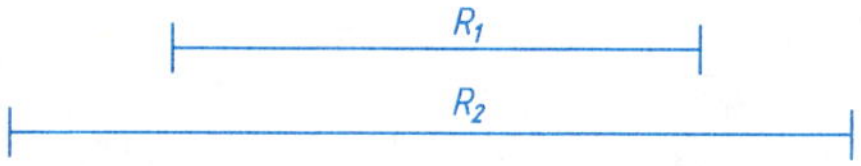

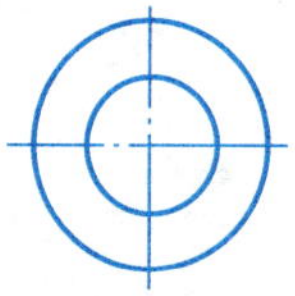

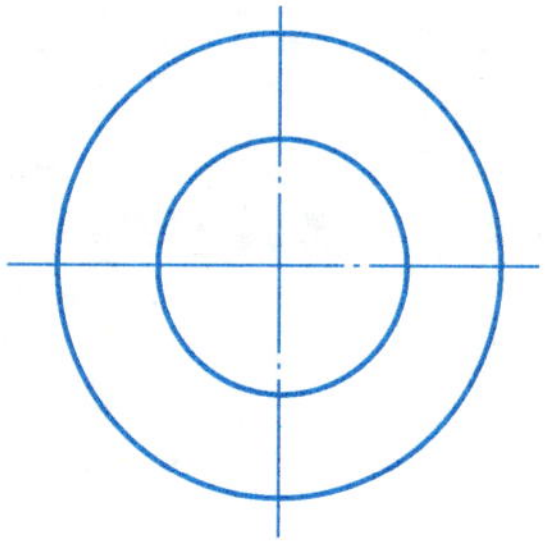

| 班级 | 姓名 | 学号 |

第1章 制图的基本知识与基本技能

1.3 平面图形的画法

1. 参照下图，按1:2的比例在空白处画出图形。

2. 参照下图，按1:1的比例在空白处画出图形。

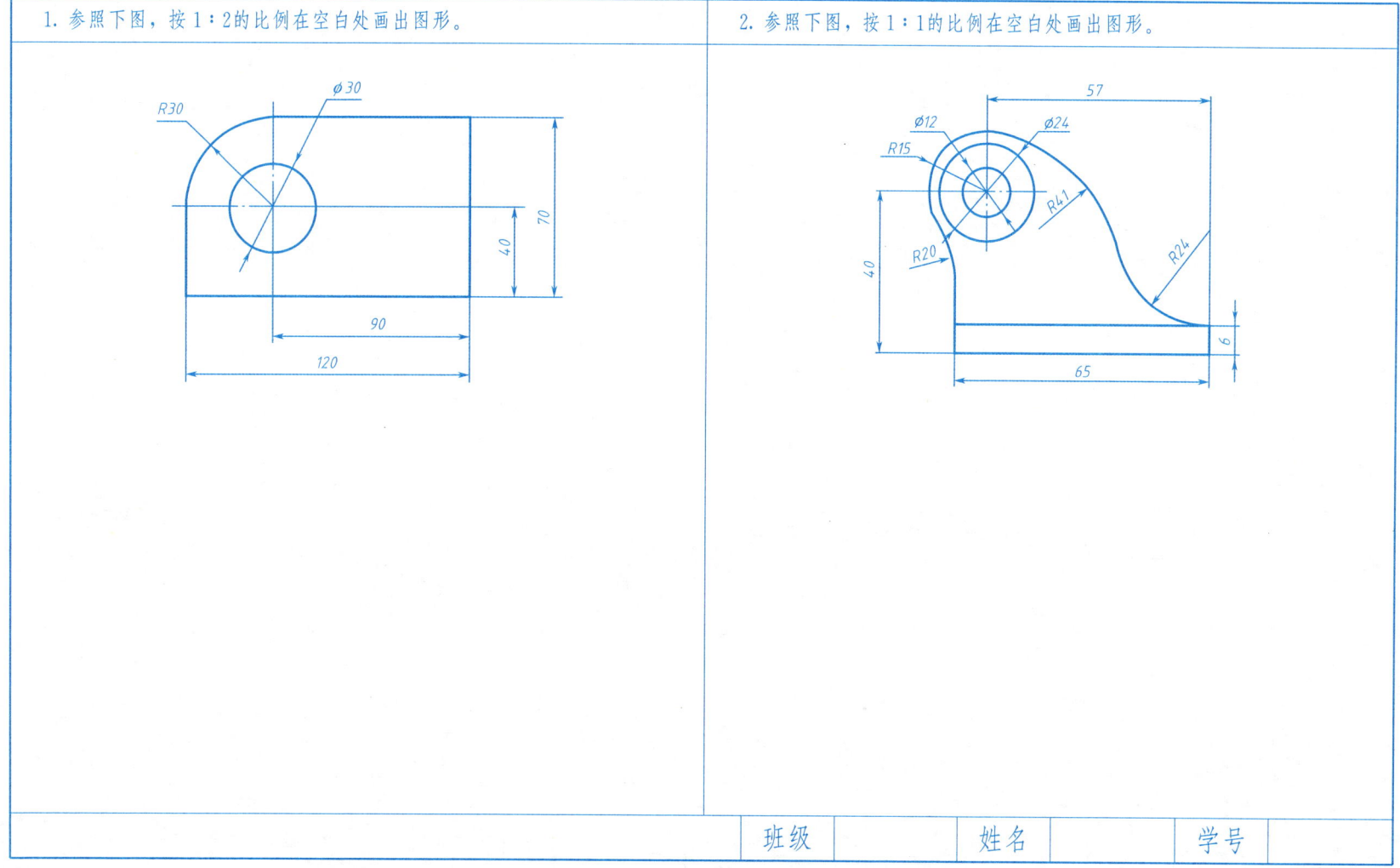

第 1 章　制图的基本知识与基本技能

3. 将图示吊钩的平面图形绘制在 A4 图纸上，比例自定（保留作图时所绘制的辅助线）。

(1) 画图框和标题栏。
(2) 画作图基准线。
(3) 按已知线段、中间线段、连接线段的顺序，画出图形。
(4) 填写标题栏。
(5) 校对，修饰图面。

注意：
(1) 布图时应使图形布置匀称。
(2) 用圆弧连接线段时，应准确找出圆心和切点。
(3) 描深时，同类线型同时描深，并使其粗细一致，连接光滑。

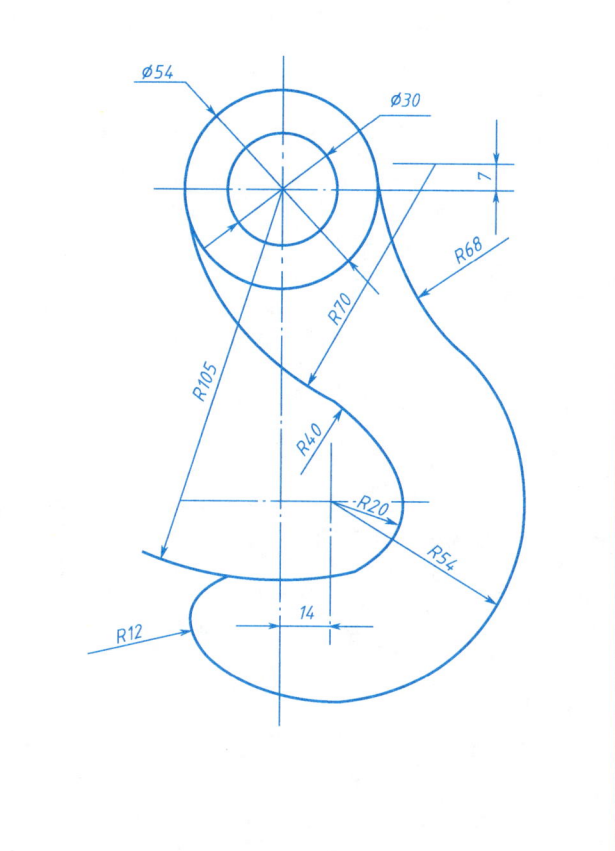

| 班级 | 姓名 | 学号 |

第 2 章 点、直线和平面的投影

2.2 三视图的形成与投影规律

三视图的形成及投影规律

1. 找出与立体图对应的三视图。

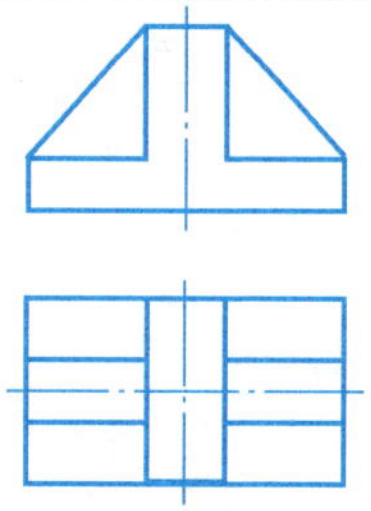

(a) 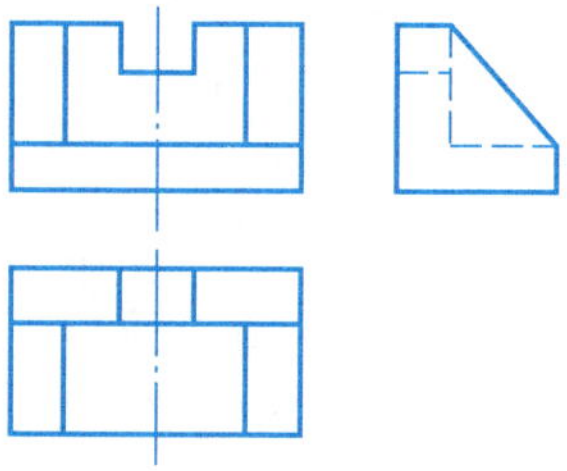　　(b) 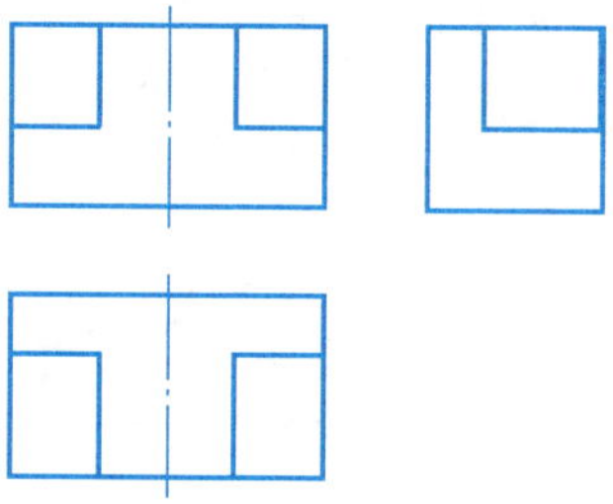　　(c)

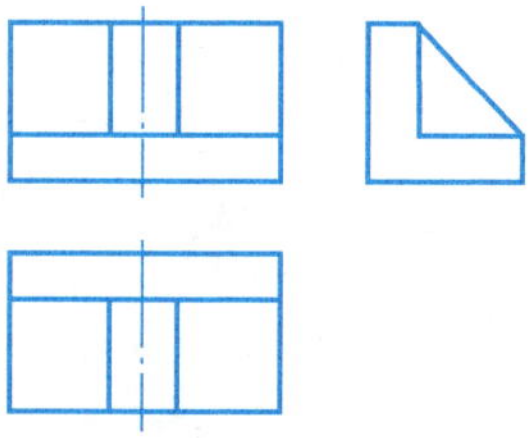

(d) 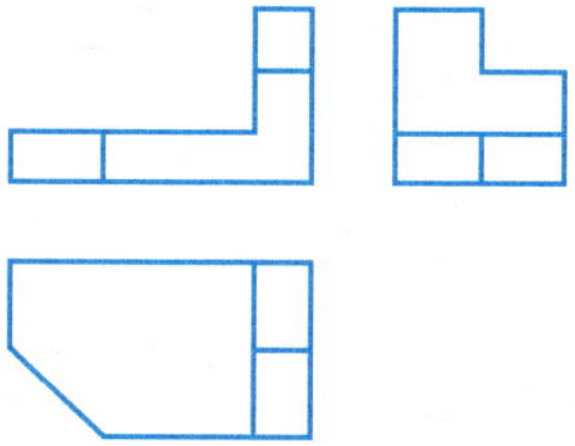　　(e) 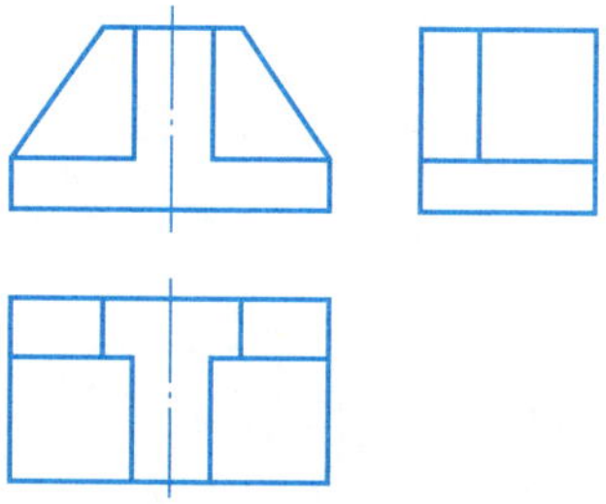　　(f)

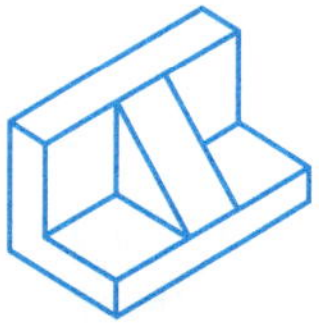

(　)　　(　)　　(　)　　(　)　　(　)　　(　)

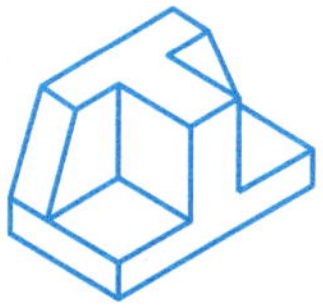

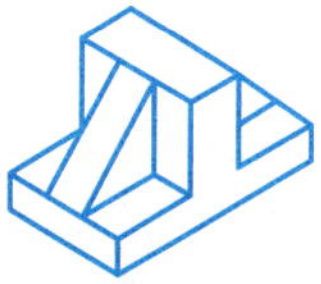

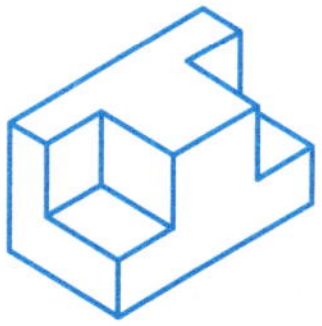

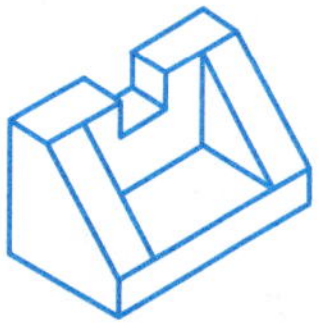

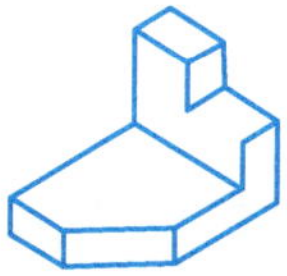

2. 选出正确的立体图。

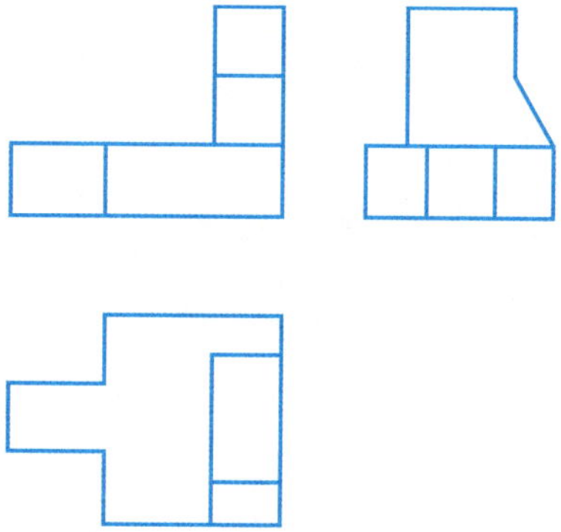

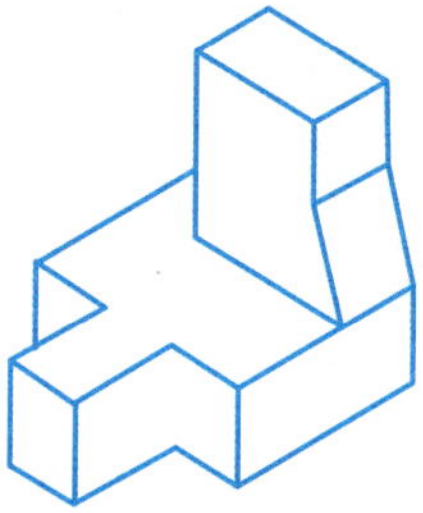

(a) 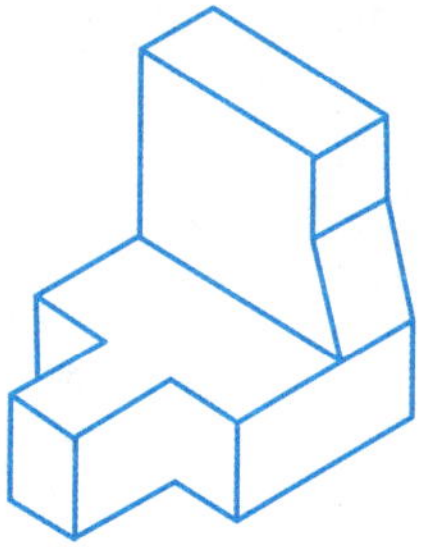　　(b)

| 班级 | 姓名 | 学号 |

第 2 章 点、直线和平面的投影

2.3 点的投影

作出三面投影	
(1) 已知 a' 和 $Y_A=5$mm，点 B 在点 A 前方 15mm，点 C 在点 A 的正右方 W 面上，求作 A、B、C 三点的三面投影。 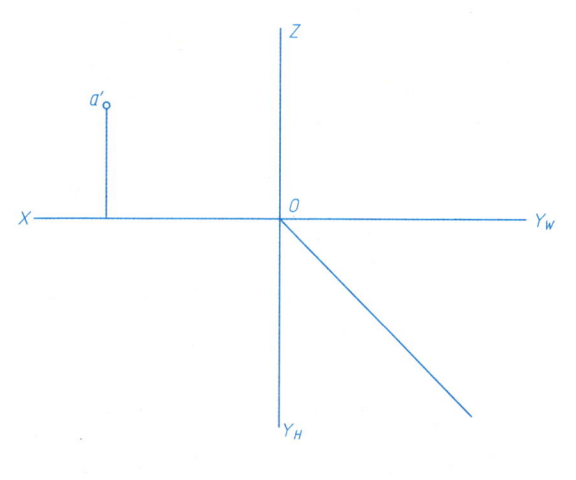	(2) 已知 A、B、C 各点到投影面的距离，作出它们的三面投影。 | 空间点	距 V 面	距 H 面	距 W 面
---	---	---	---
A	10	15	20
B	15	0	30
C	0	15	15	 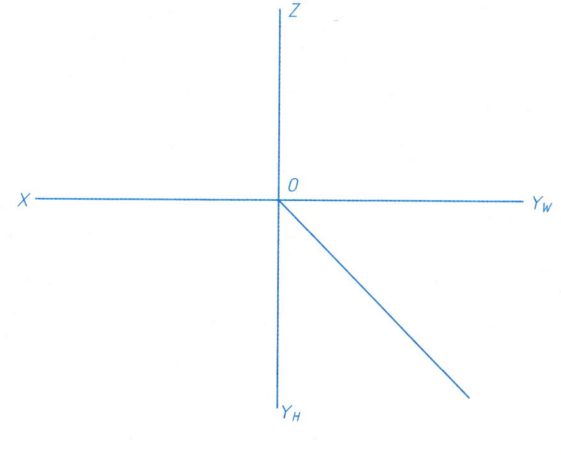

班级	姓名	学号

第 2 章 点、直线和平面的投影

2.4 直线的投影

1. 作出三面投影和立体图。

（1）已知线段两端点 A（20，12，6）和 B（5，5，20），求作线段 AB 的三面投影和立体图。

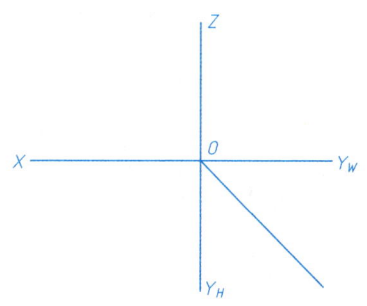 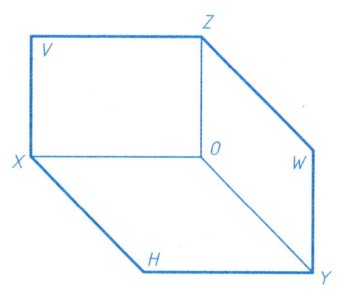

（2）已知线段 AB 的端点 A 在 H 面上方 5mm、V 面前方 5mm、W 面左方 20mm，端点 B 在 A 点右方 10mm，比 A 点高 15mm，在 A 点前方 10mm，作 AB 的三面投影和立体图。

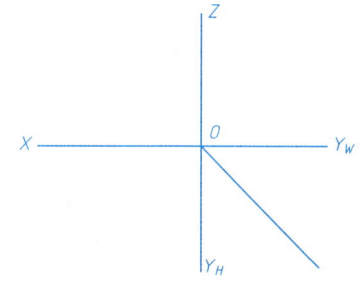 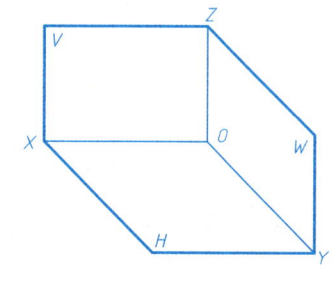

2. 补画第三面投影并判断线段的空间位置。

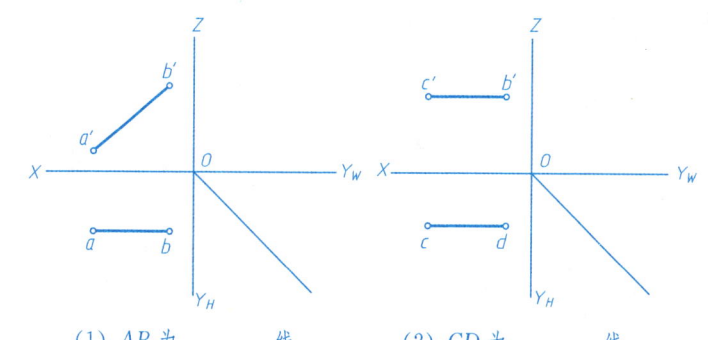

（1）AB 为_____线　　（2）CD 为_____线

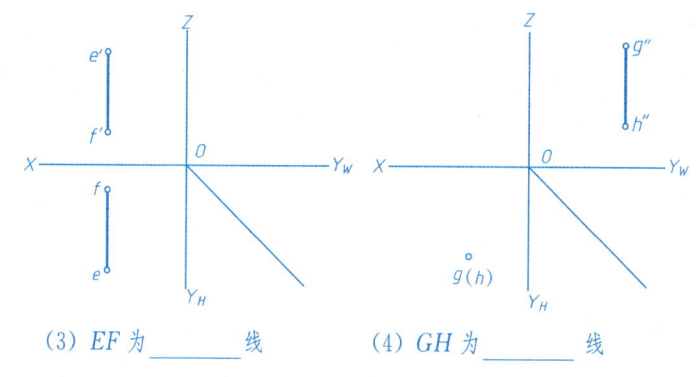

（3）EF 为_____线　　（4）GH 为_____线

班级		姓名		学号	

第 2 章 点、直线和平面的投影

2.5 平面的表示法

1. 根据平面图形的两面投影，求作第三面投影，并判断平面的空间位置。

(1)

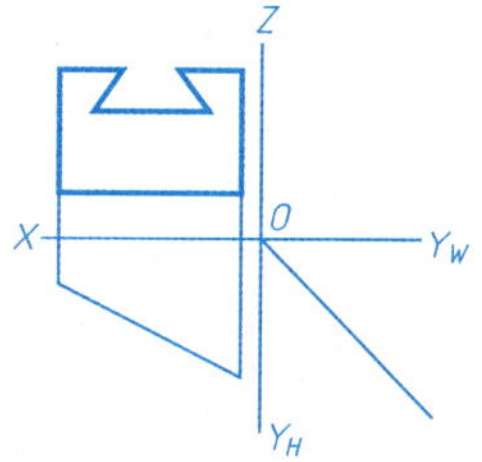

平面为_____面

(2)

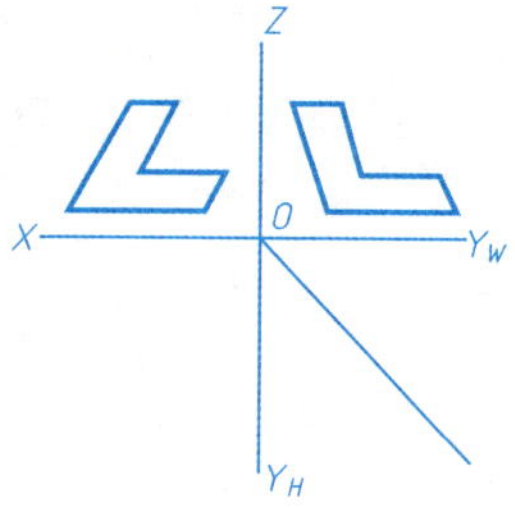

平面为_____面

2. 完成作图要求。

已知△ABC 平面的两面投影，求其侧面投影，并在△ABC 内取一点 K，使 K 点距 V 面 10mm，距 H 面 15mm。

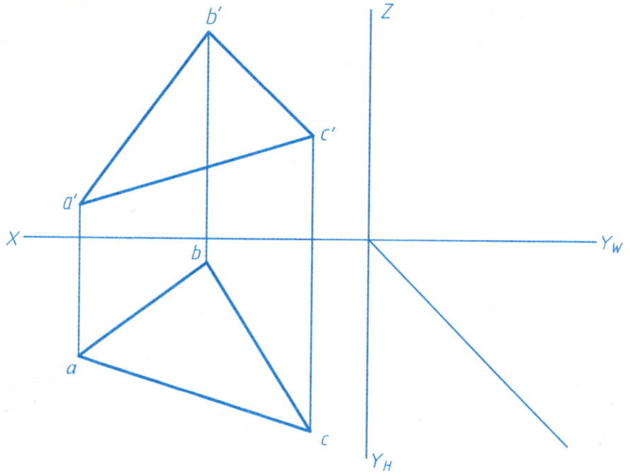

| 班级 | | 姓名 | | 学号 | |

第 3 章 立体的视图

3.1 基本体的投影分析

1. 根据立体图，补画视图。

(1)

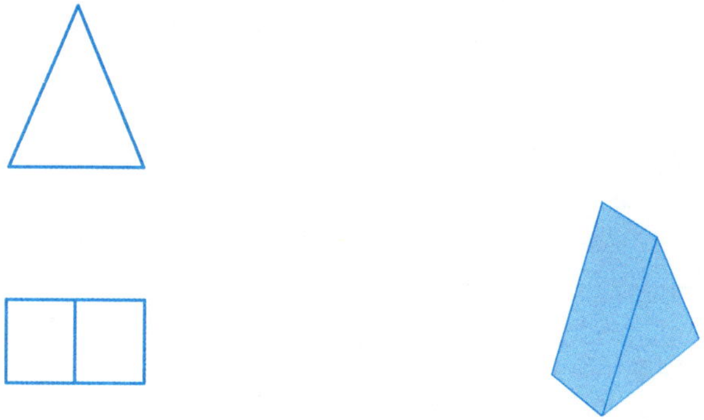

(2)

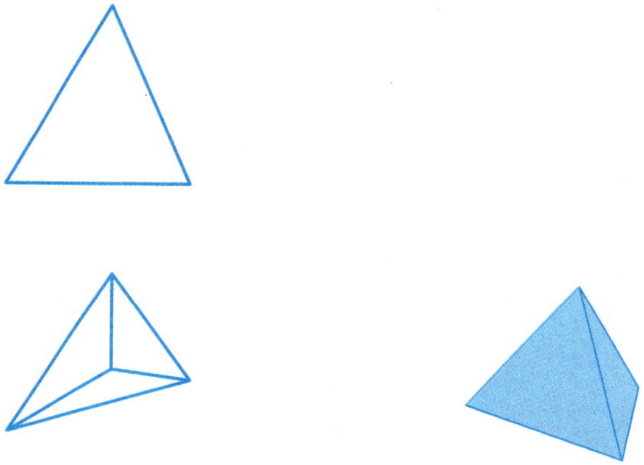

(3)

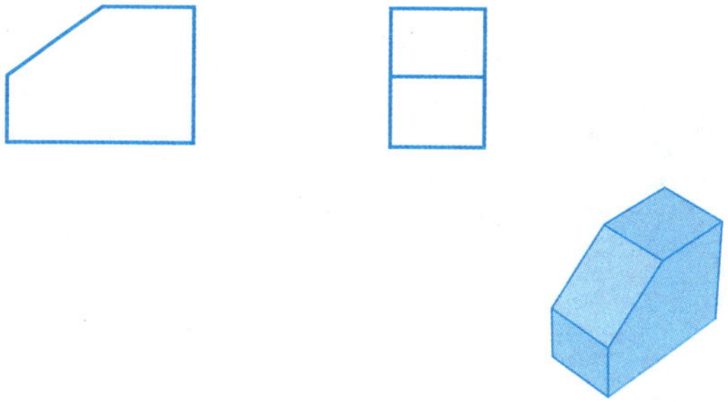

(4)

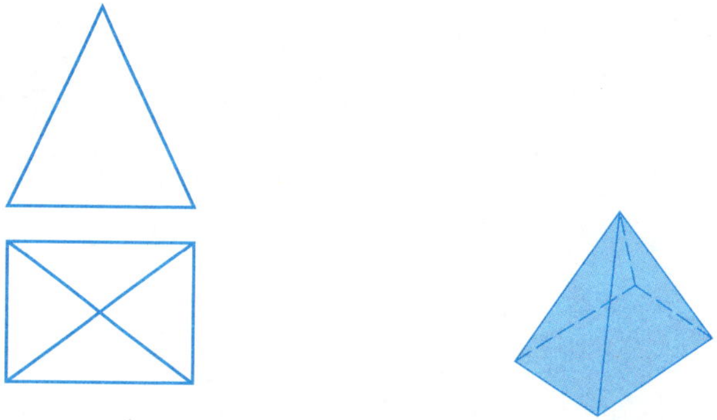

第 3 章 立体的视图

2. 完成曲面立体三视图。

(1) φ20, 20

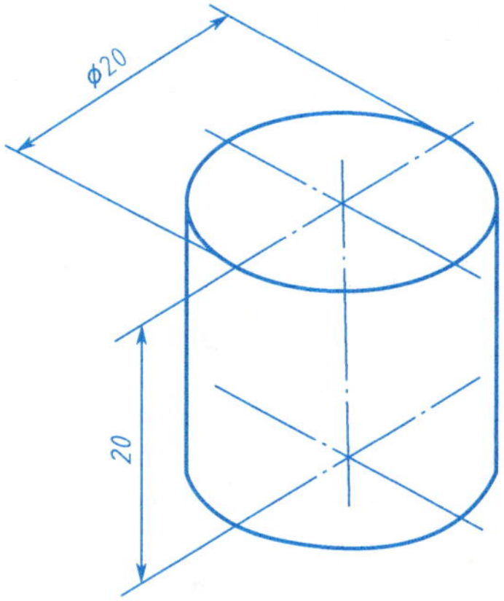

(2)

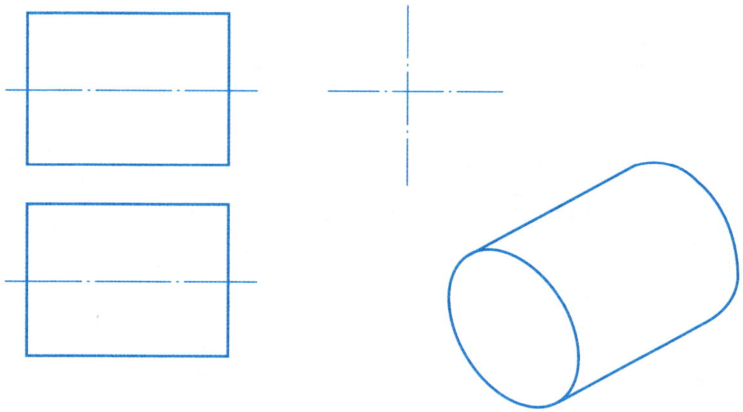

(3)

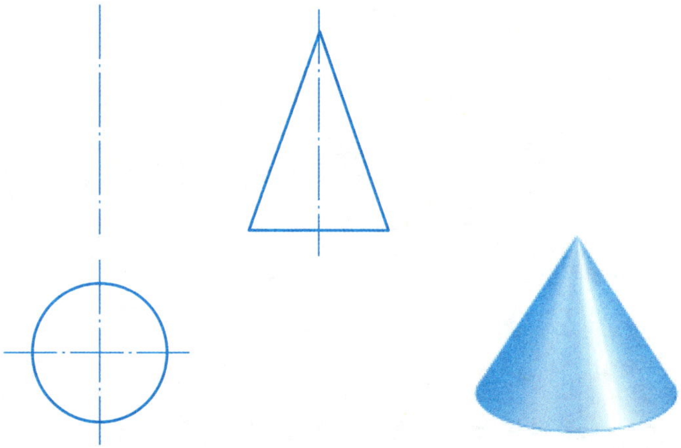

(4)

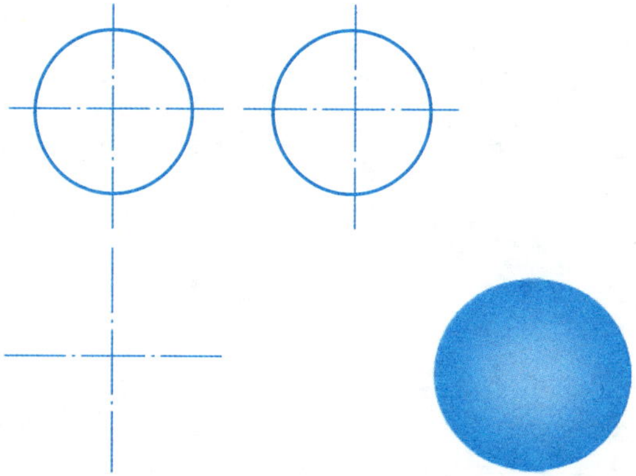

第 3 章 立体的视图

圆锥体的投影及表面取点

3. 作平面立体三视图,并求作其上点、线、面投影。

(1)

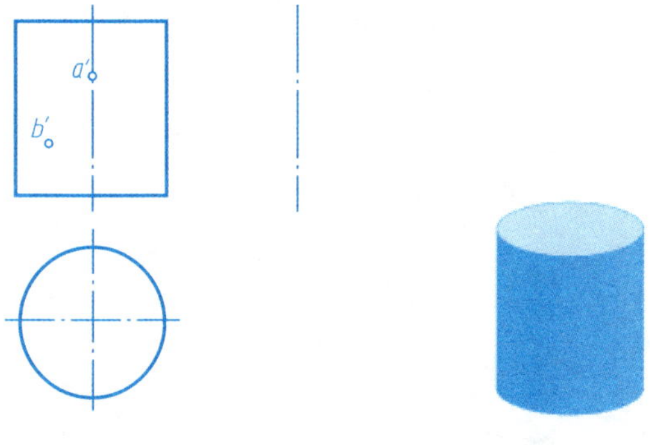

(2)

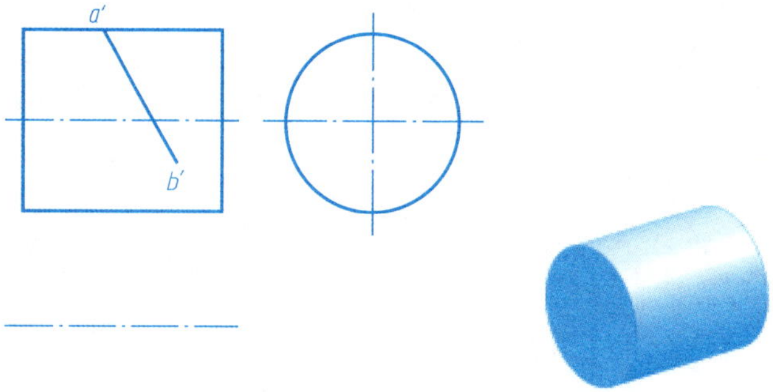

(3)

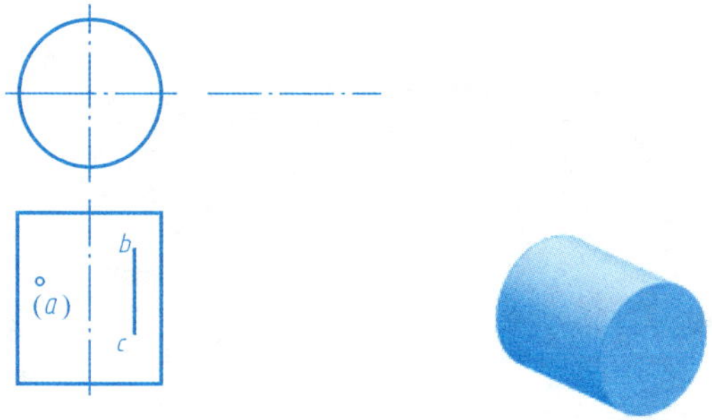

(4)

| 班级 | | 姓名 | | 学号 | |

第 3 章 立体的视图

球体的投影及表面取点

(5)

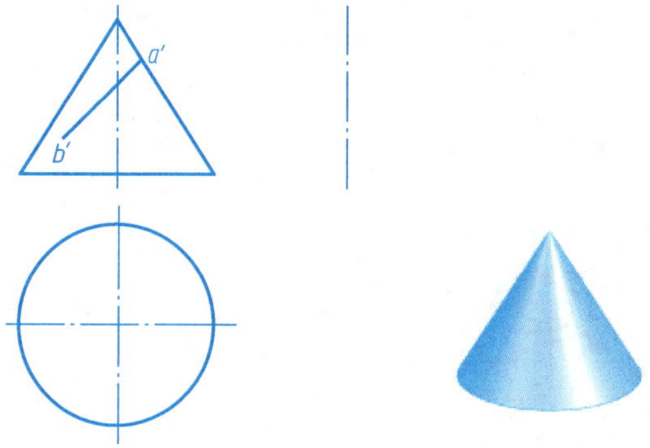

(6)

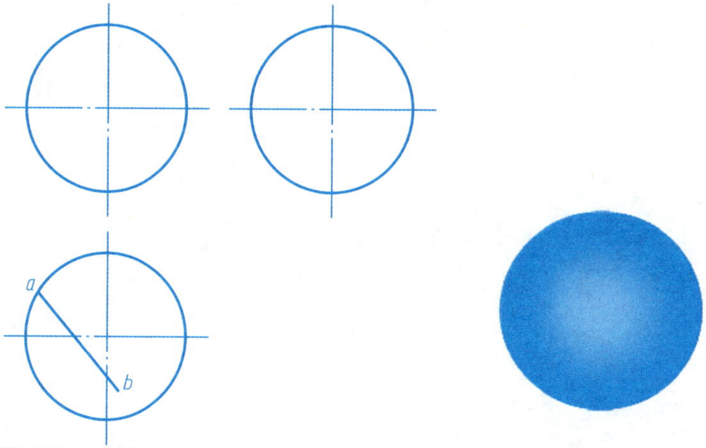

(7)

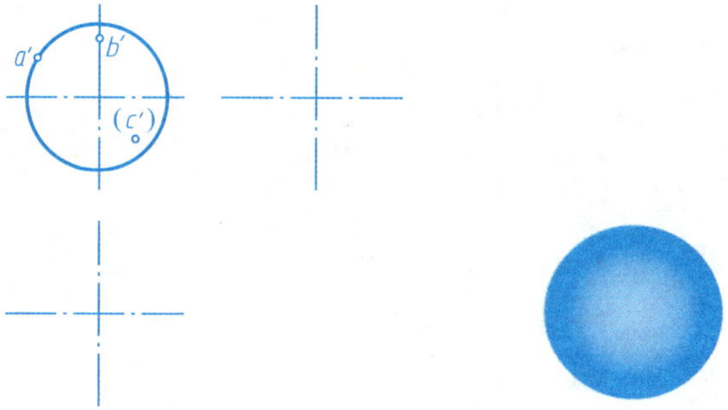

(8)

| 班级 | 姓名 | 学号 |

第3章 立体的视图

3.2 组合体三视图的画法

组合体三视图的画法

1. 综合练习。

(1) 已知四个点的坐标：$S(25,15,30)$，$A(45,10,0)$，$B(30,30,0)$，$C(5,0,0)$，画出它们的投影图；然后将它们的同面投影用直线段连接起来，看看它表示的是什么立体。

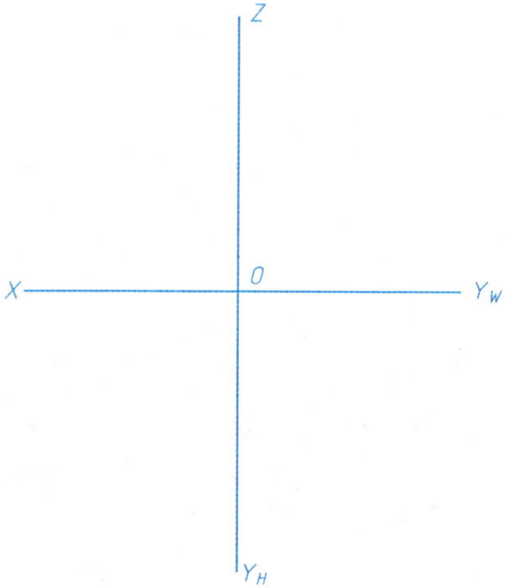

(2) 根据左视图补画主视图和俯视图。

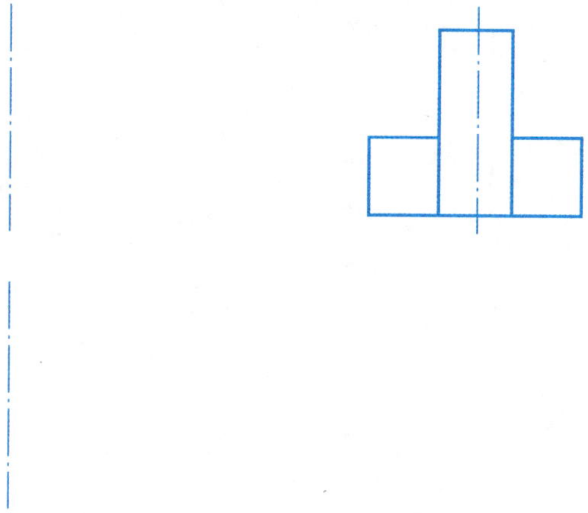

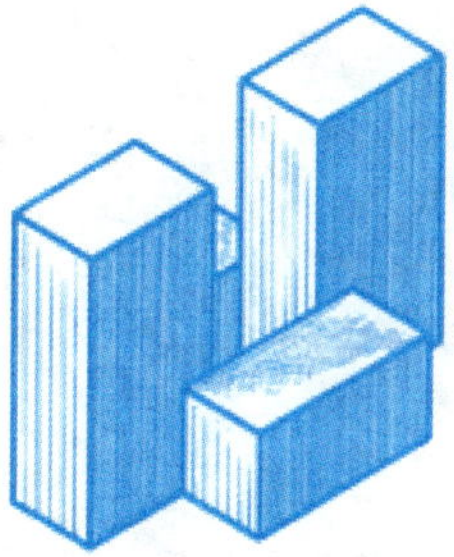

| 班级 | | 姓名 | | 学号 | |

第 3 章　立体的视图

（3）根据主视图补画俯视图和左视图（该立体由两个几何体组成）。

（4）根据俯视图，补画形状不同的主视图1（看谁补得多）。

（参考）

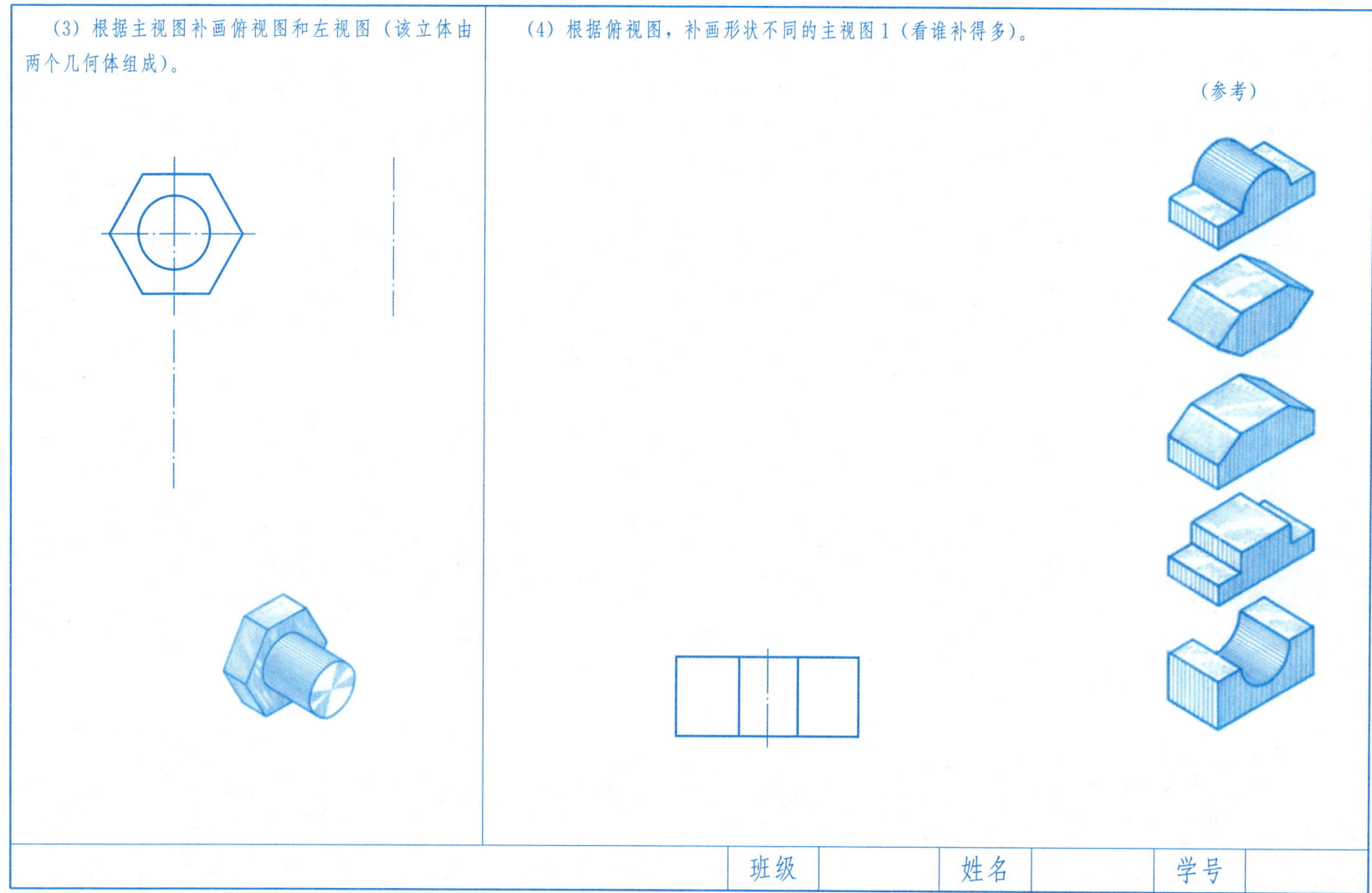

| 班级 | | 姓名 | | 学号 | |

第 3 章 立体的视图

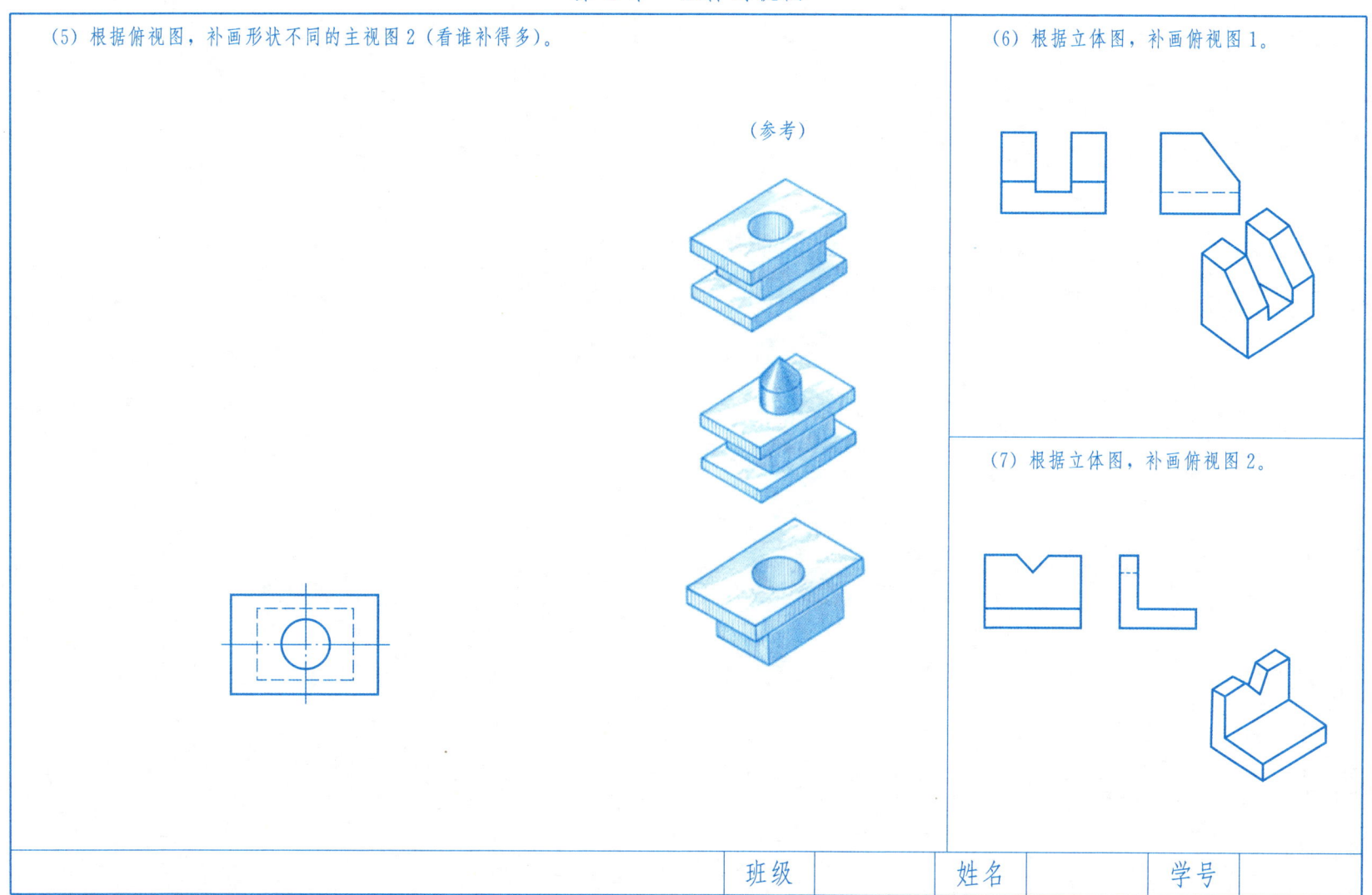

第 3 章 立体的视图

2. 根据立体图，补画三视图中的漏线。

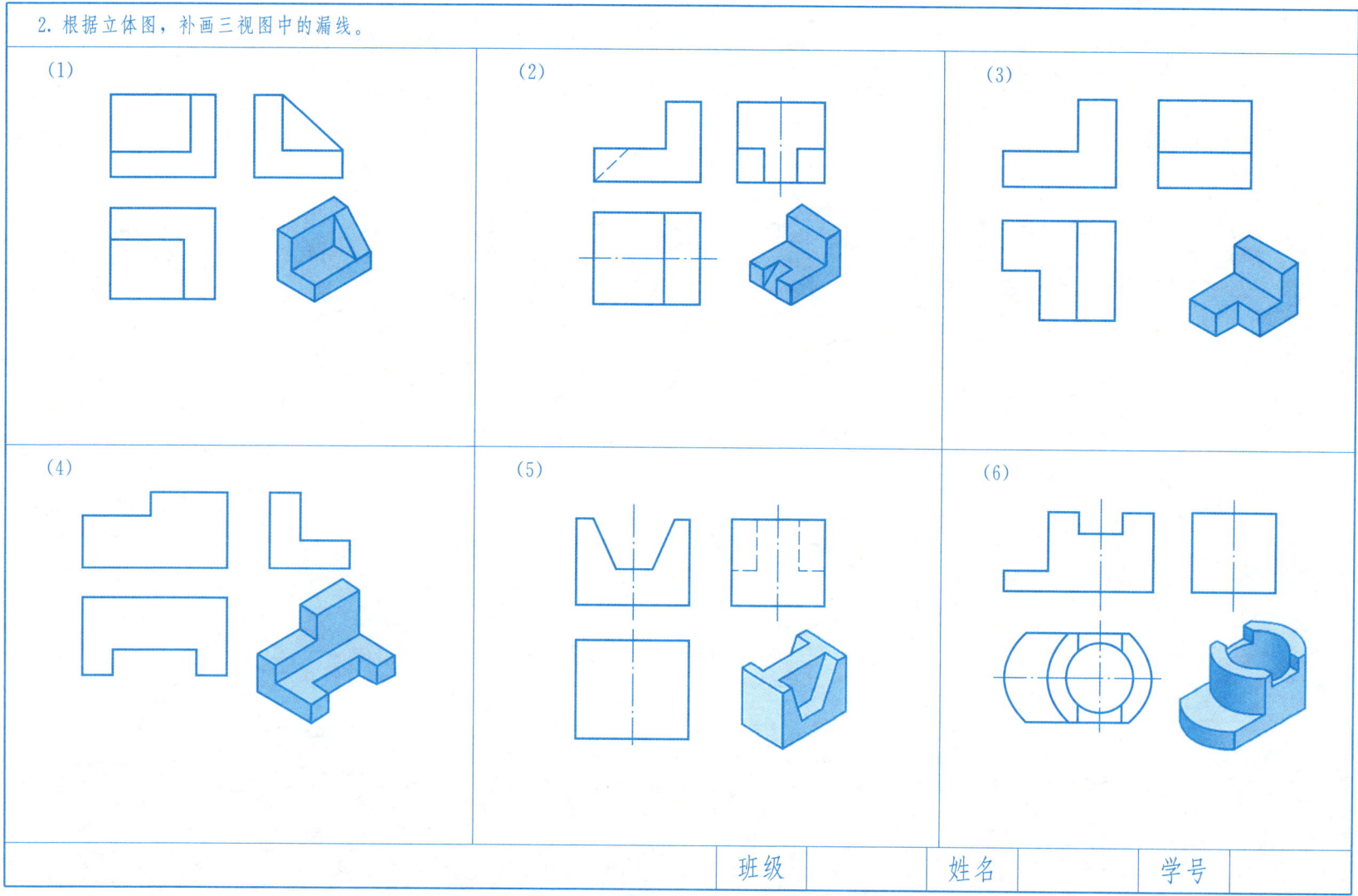

第 3 章 立体的视图

3. 根据立体图，画三视图。

(1)

(2)

(3)

(4)

| | 班级 | | 姓名 | | 学号 | |

第 3 章 立体的视图

4. 根据两视图，补画第三视图。

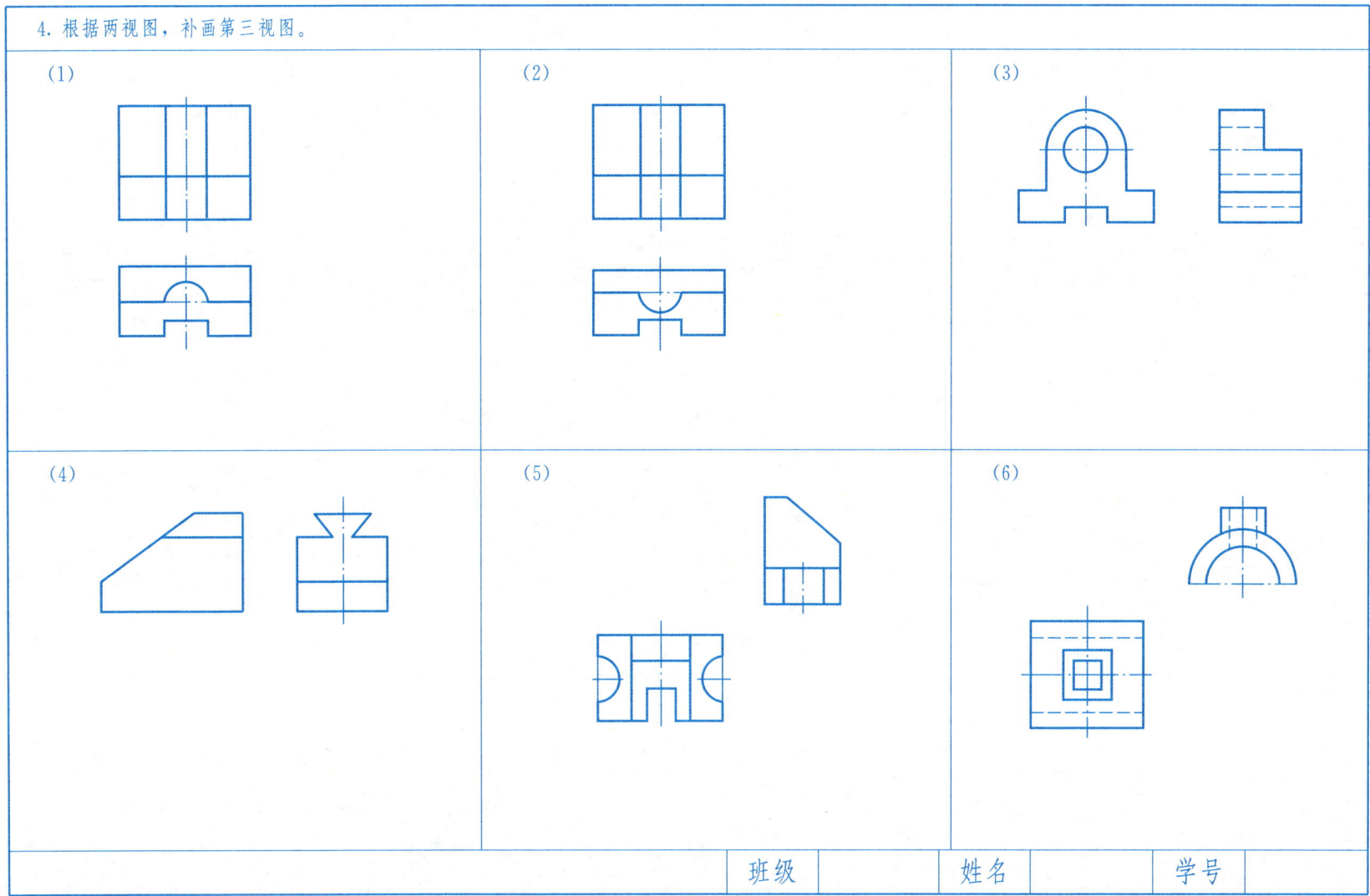

第 3 章 立体的视图

5. 补画视图所缺图线。

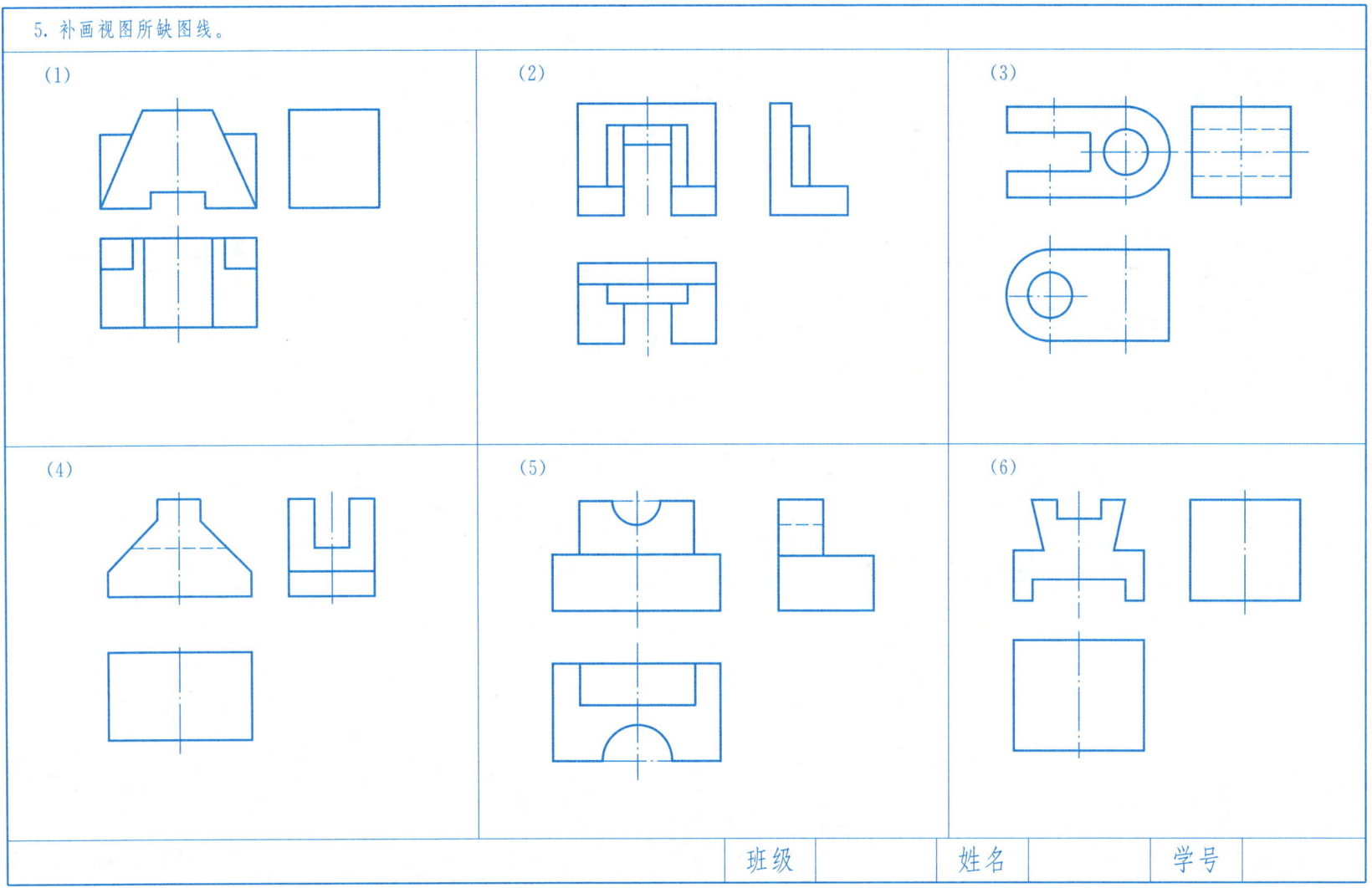

第 3 章 立体的视图

3.3 平面与立体表面的交线

1. 常见截交线练习，补画视图。

(1)

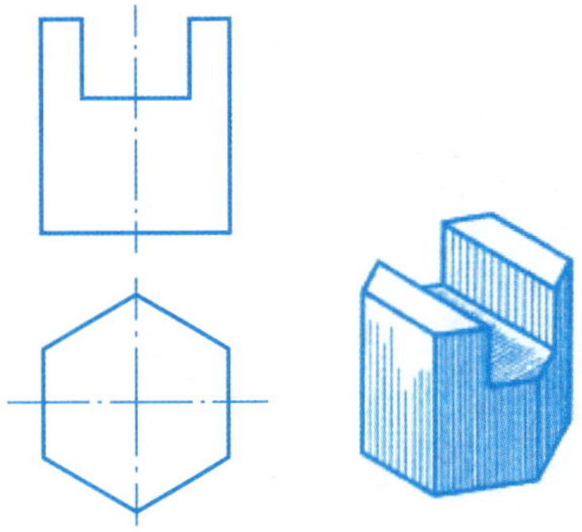

(2)

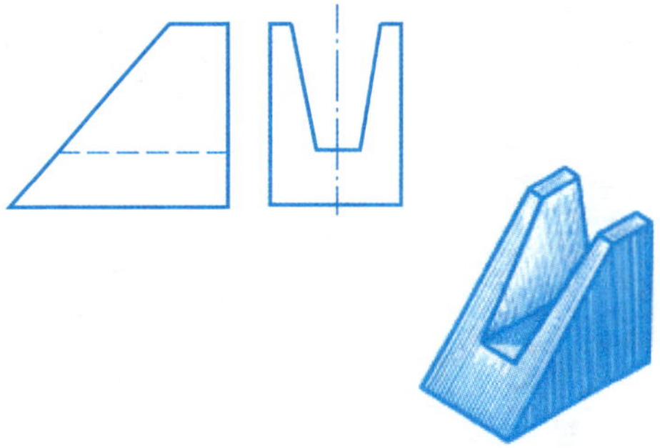

(3)

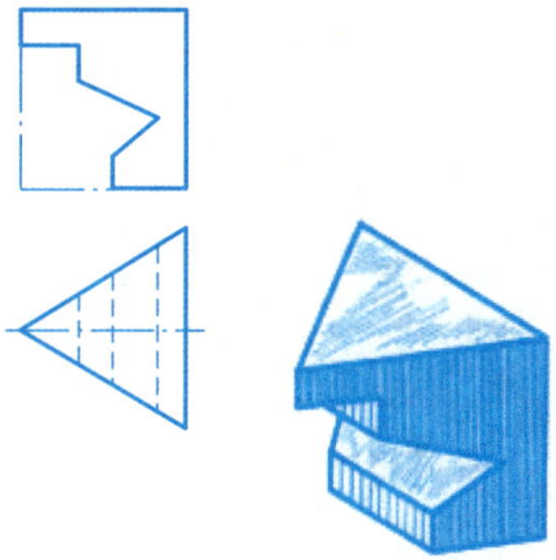

(4)

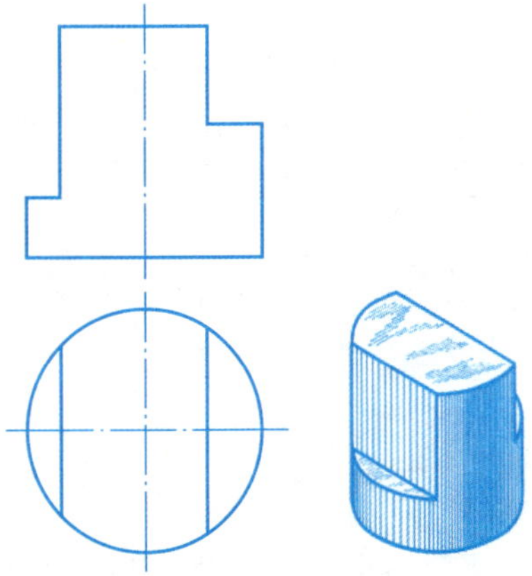

(5)

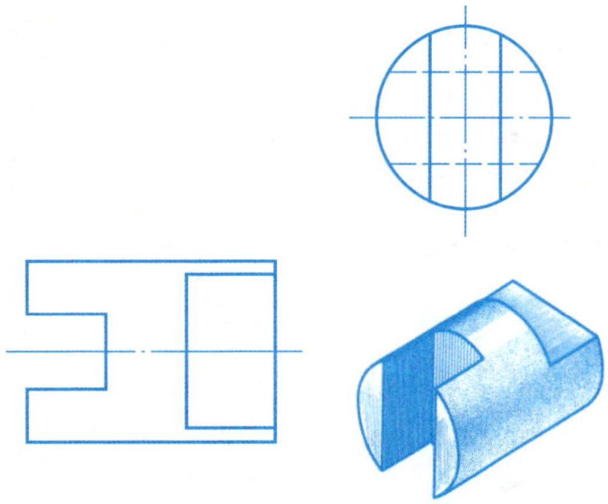

(6)

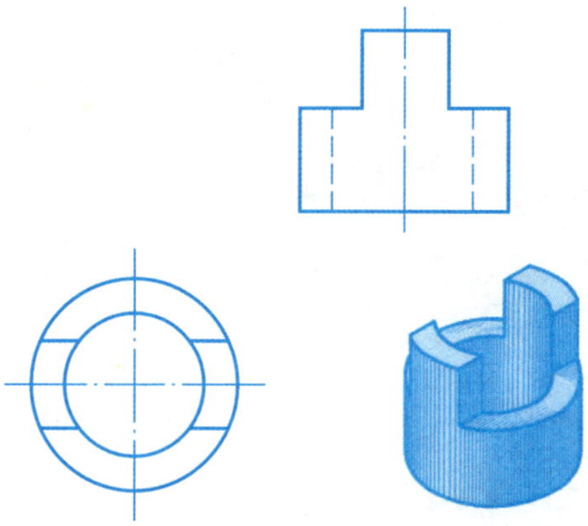

| 班级 | 姓名 | 学号 |

三棱锥被正垂面截切后的三面投影

第3章 立体的视图

2. 常见截交线练习，选择正确的左视图，并在其下的括号内画"√"。

(1)   ( )   ( )   ( )

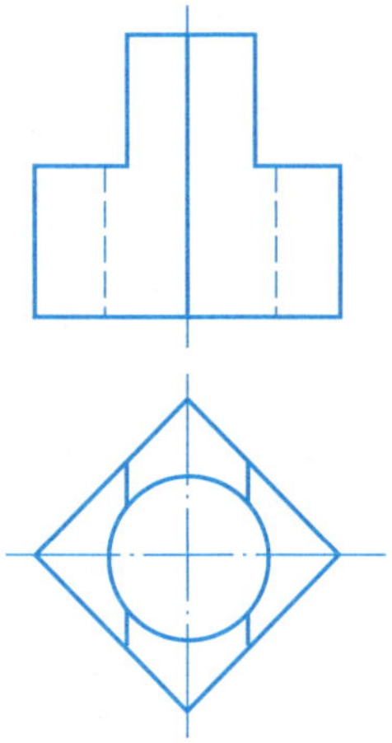

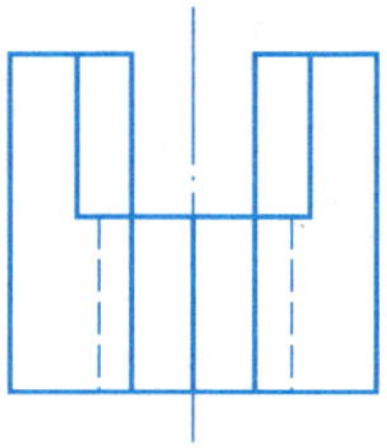

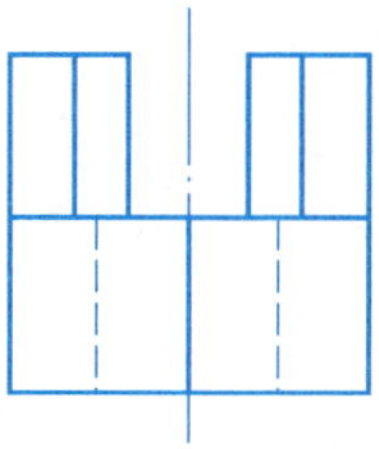

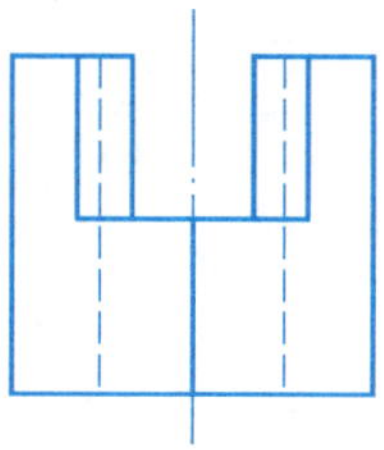

(2)   ( )   ( )   ( )

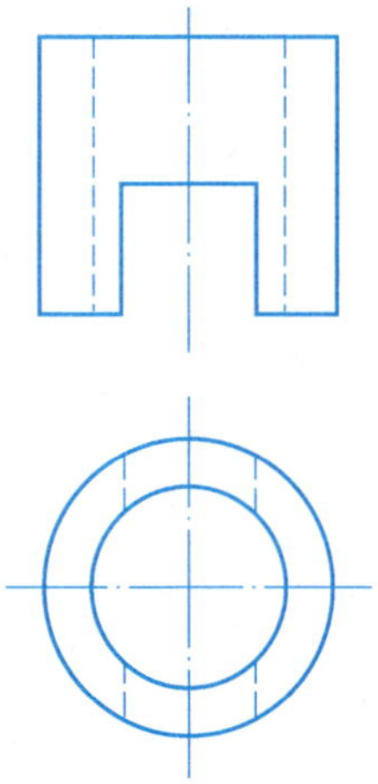

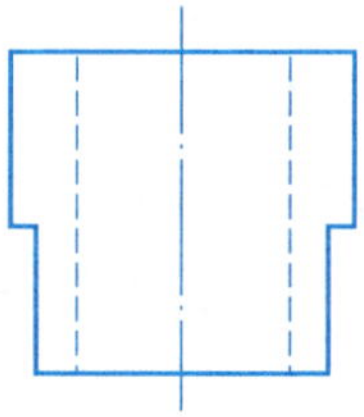

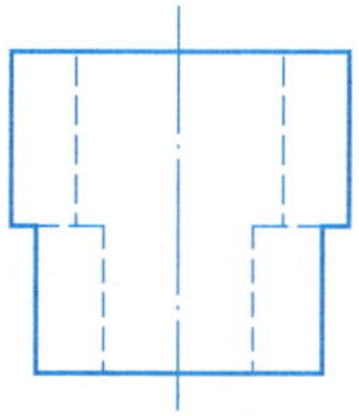

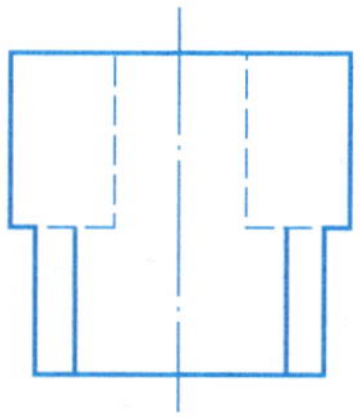

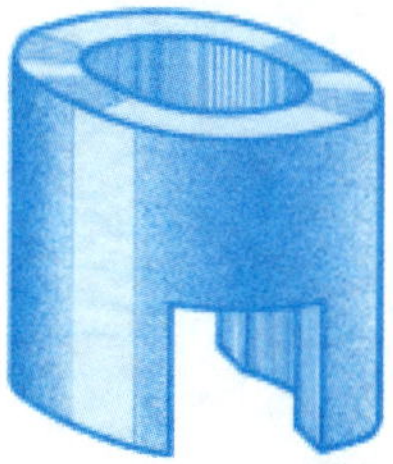

班级		姓名		学号	

第 3 章 立体的视图

3. 常见截交线练习，补全视图。

(1)

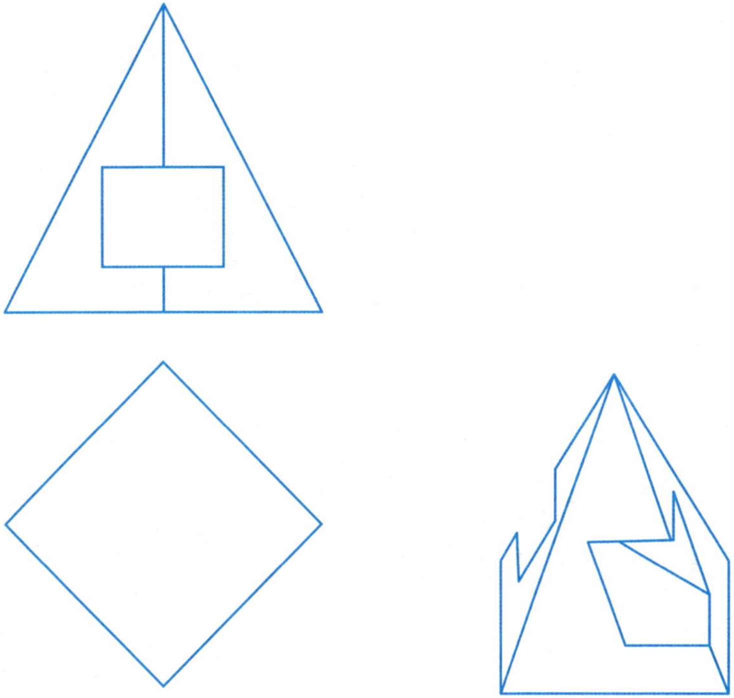

(2)

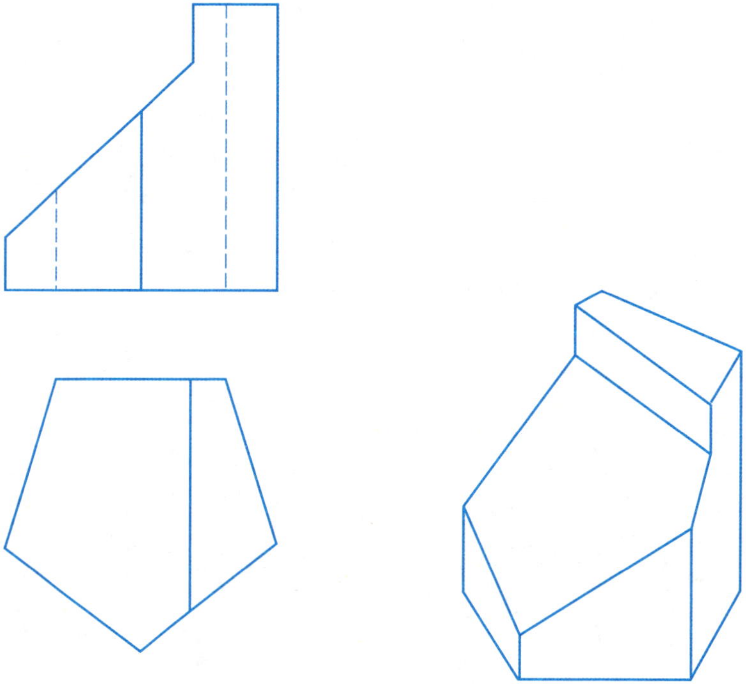

第3章 立体的视图

4. 求相贯线的投影。

(1)

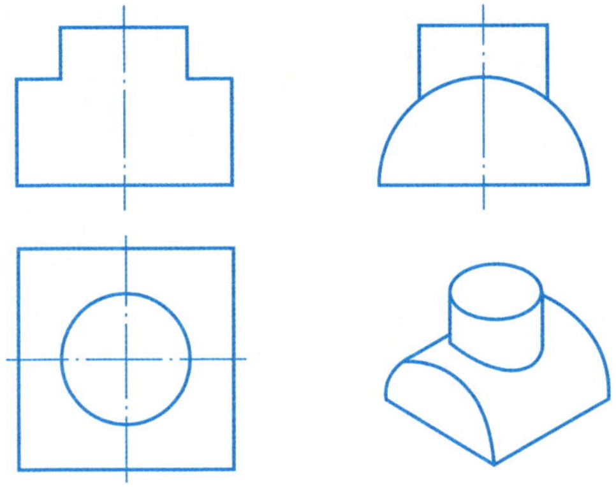

(2)

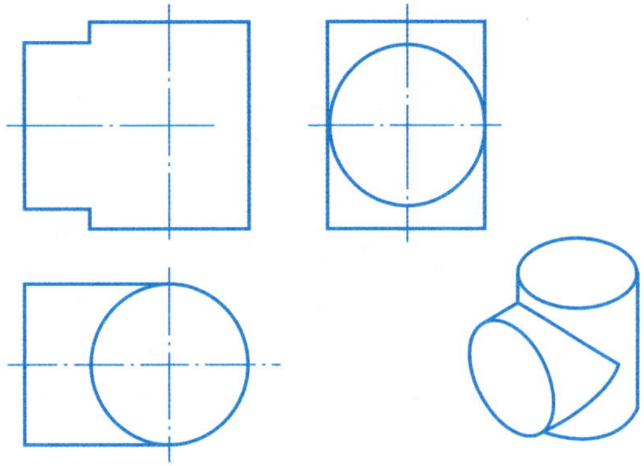

(3) 通孔

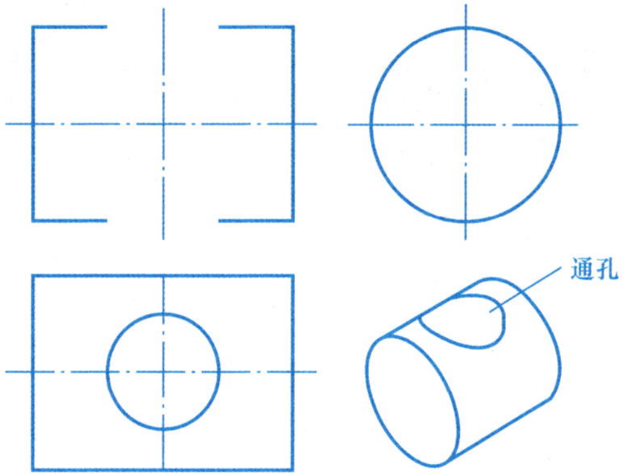

(4)

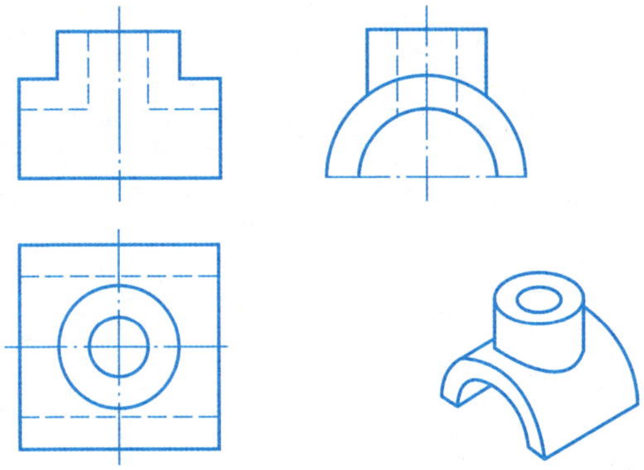

(5)

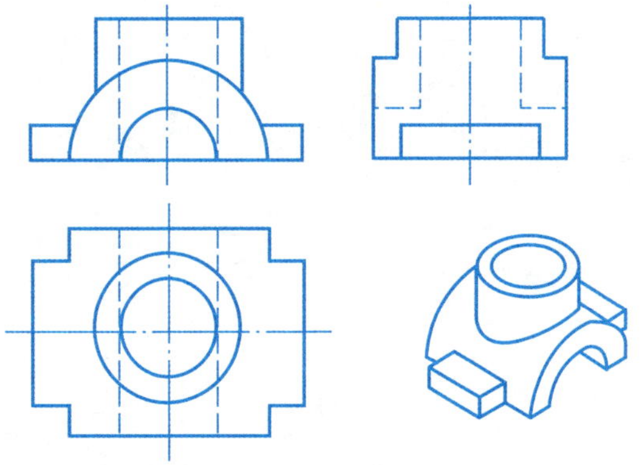

(6)

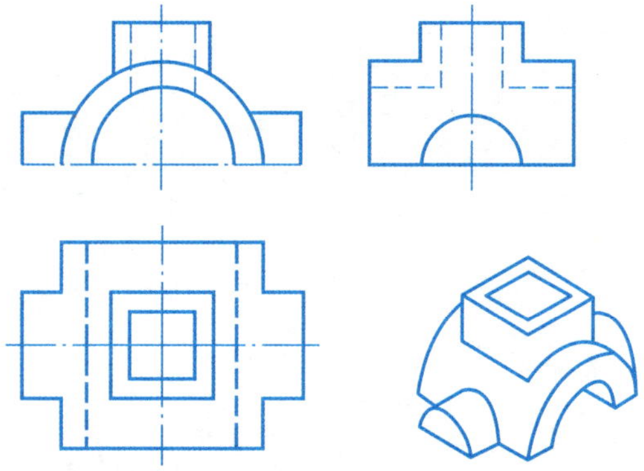

| 班级 | 姓名 | 学号 |

第 3 章 立体的视图

圆柱与圆柱正交相贯线的近似画法

5. 常见相贯线练习,补全视图。

(1)

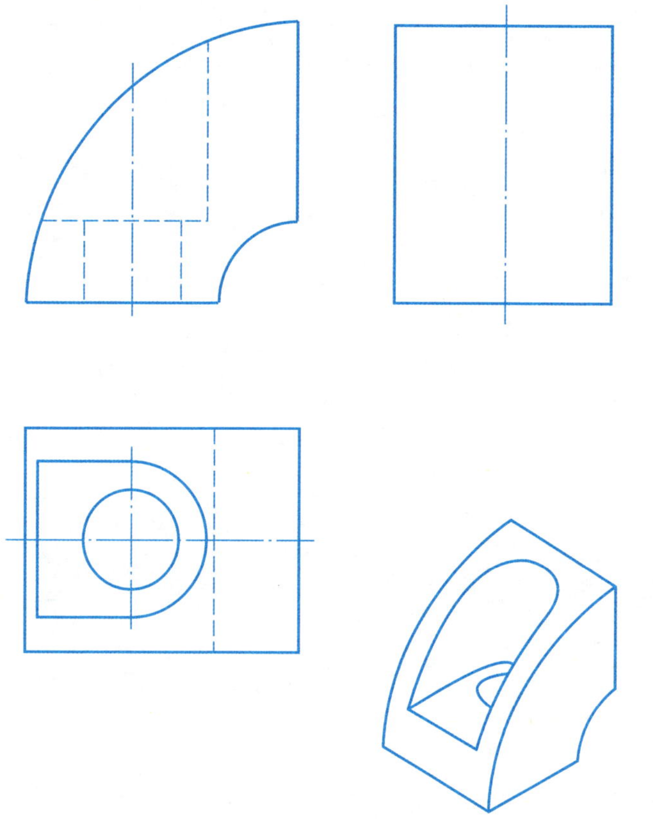

(2)

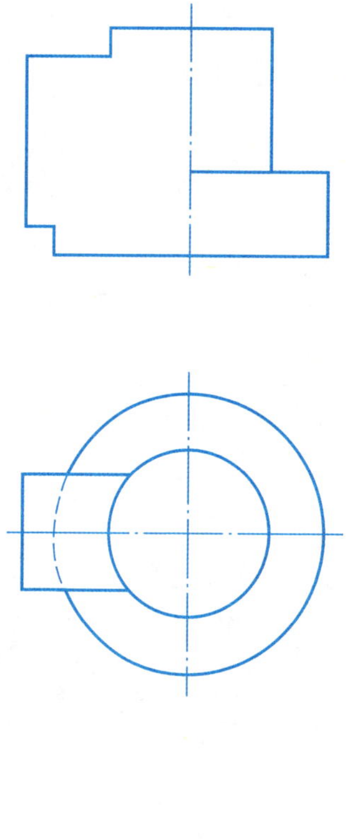

第 3 章 立体的视图

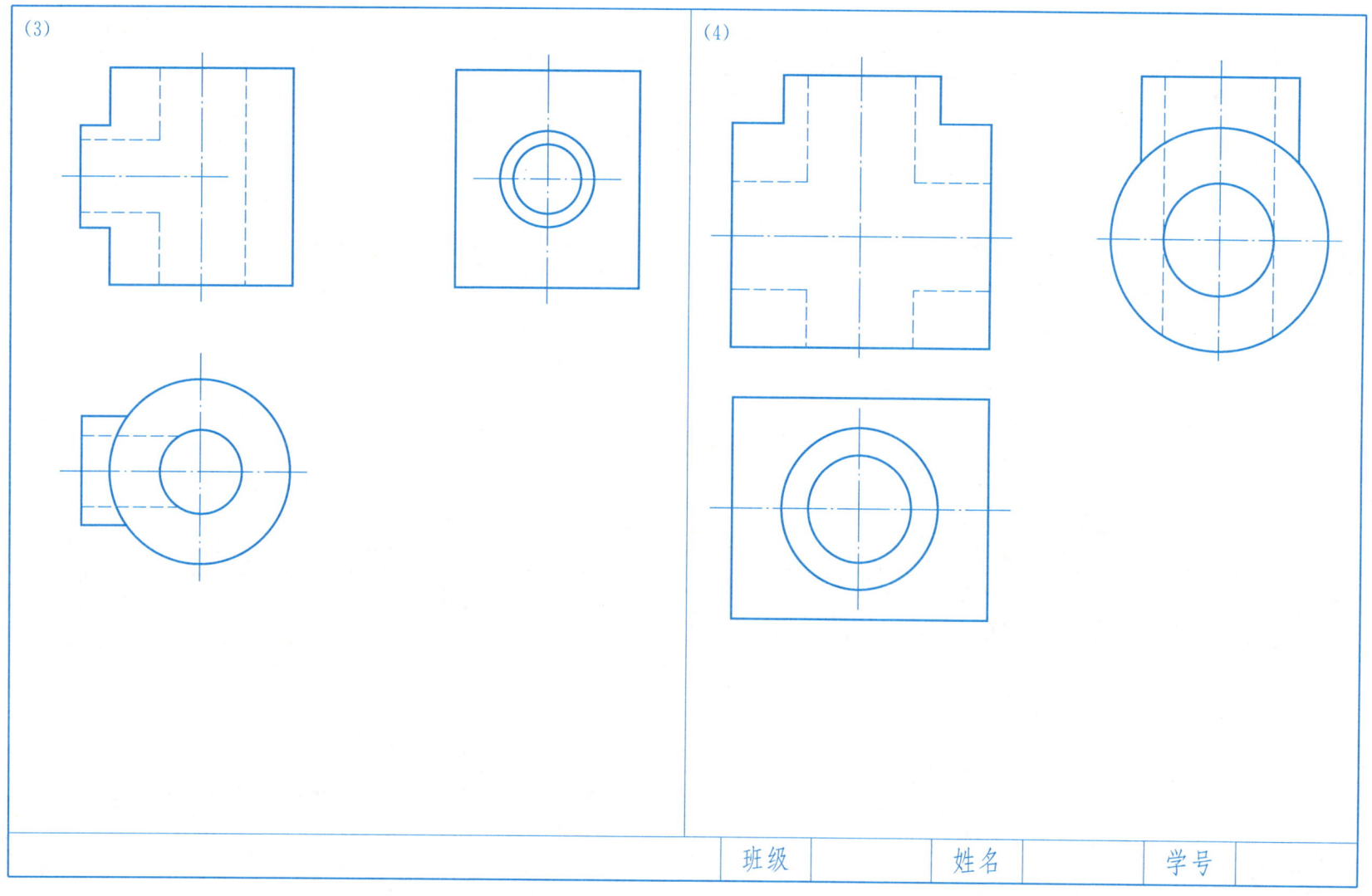

第 4 章 轴 测 图

4.2 正等轴测图

根据三视图,画出正等轴测图(尺寸从图中量取)。

(1)

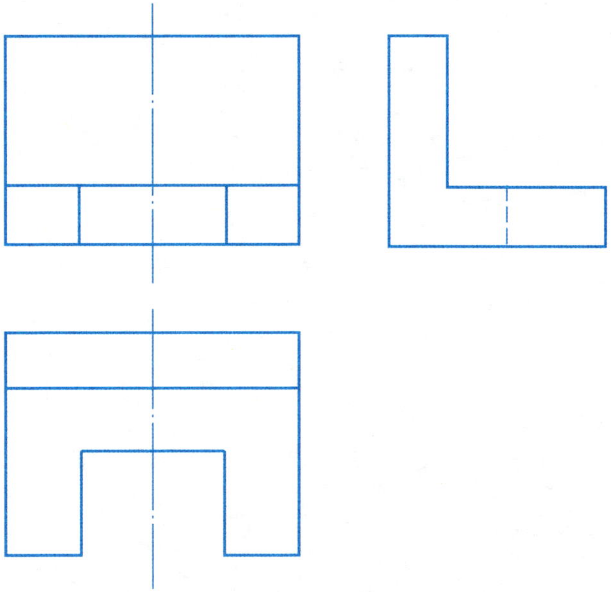

(2)

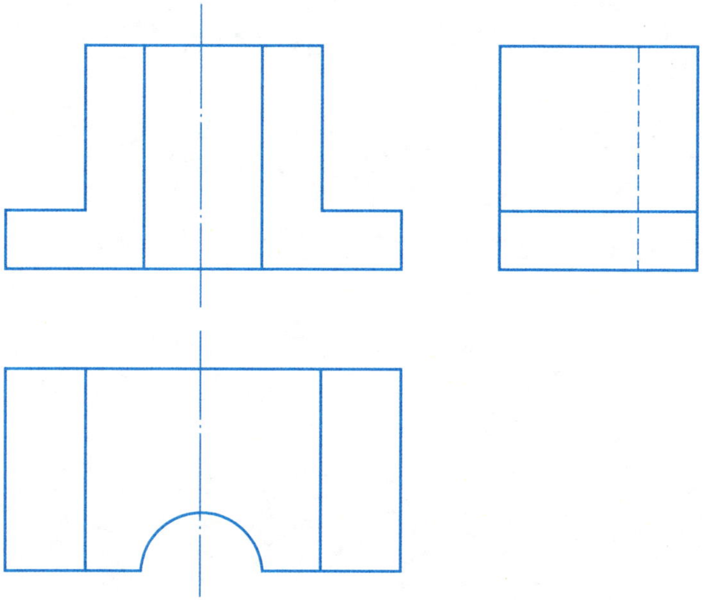

第 4 章 轴 测 图

正六棱柱的轴测图画法

(3)

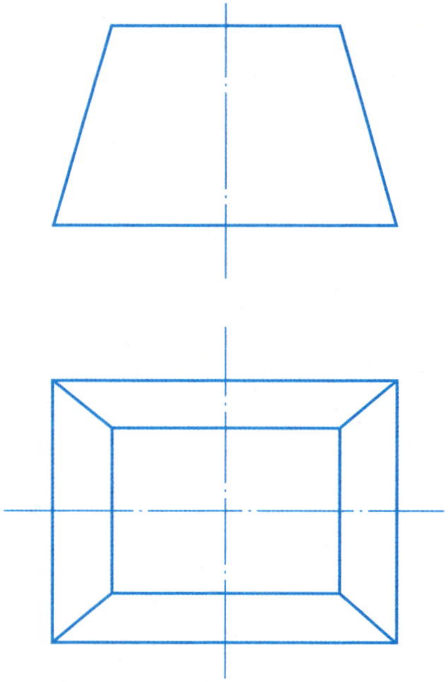

(4)

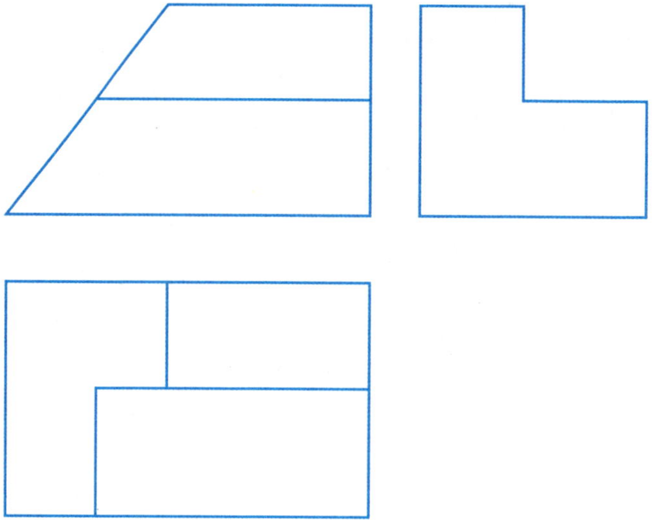

| 班级 | 姓名 | 学号 |

第 4 章 轴 测 图

圆角的正等轴测图画法

(5)

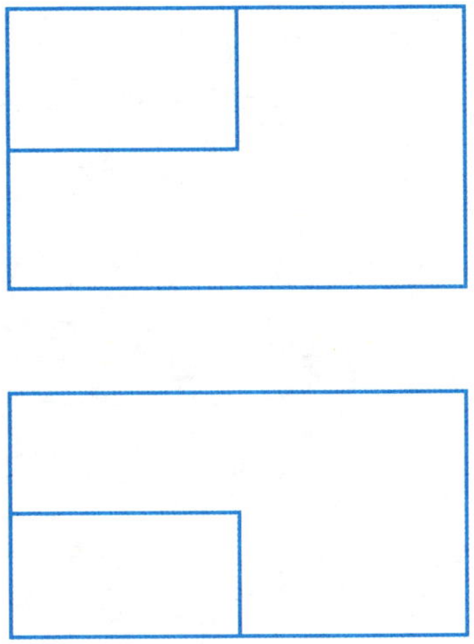

(6)

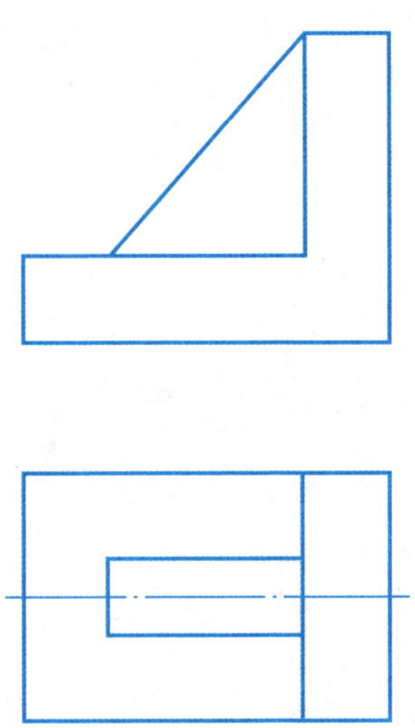

| 班级 | | 姓名 | | 学号 | |

第 4 章 轴 测 图

(7)

(8)

支架的正等轴测图画法

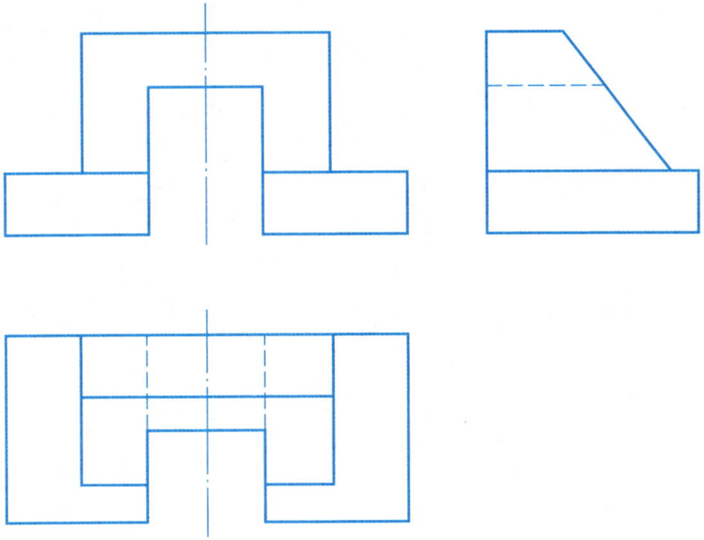

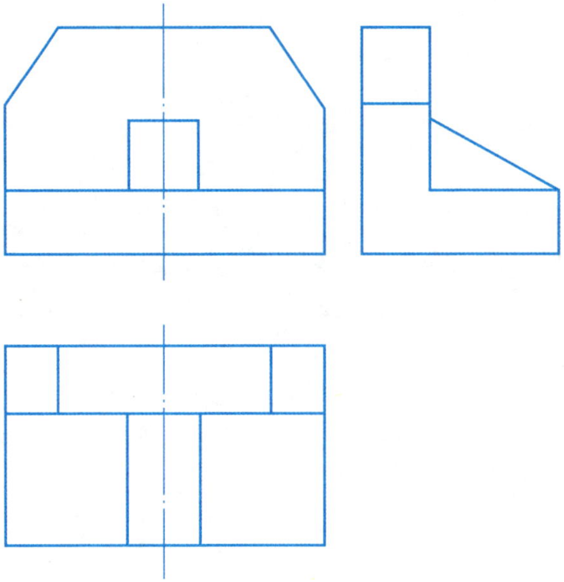

| 班级 | | 姓名 | | 学号 | |

第 4 章 轴 测 图

4.3 斜二轴测图

根据三视图，画出斜二轴测图（尺寸从图中量取）。

(1)

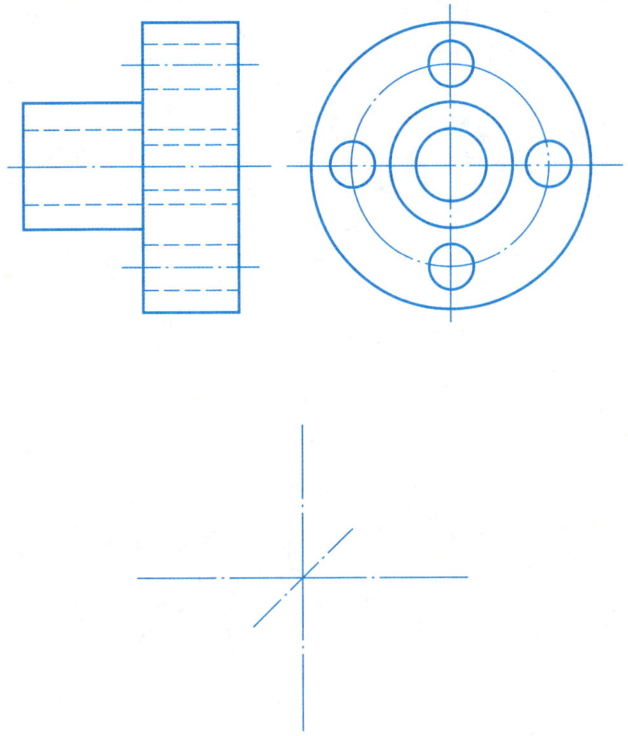

(2)

斜二轴测图的画法　　圆筒的斜二轴测图画法

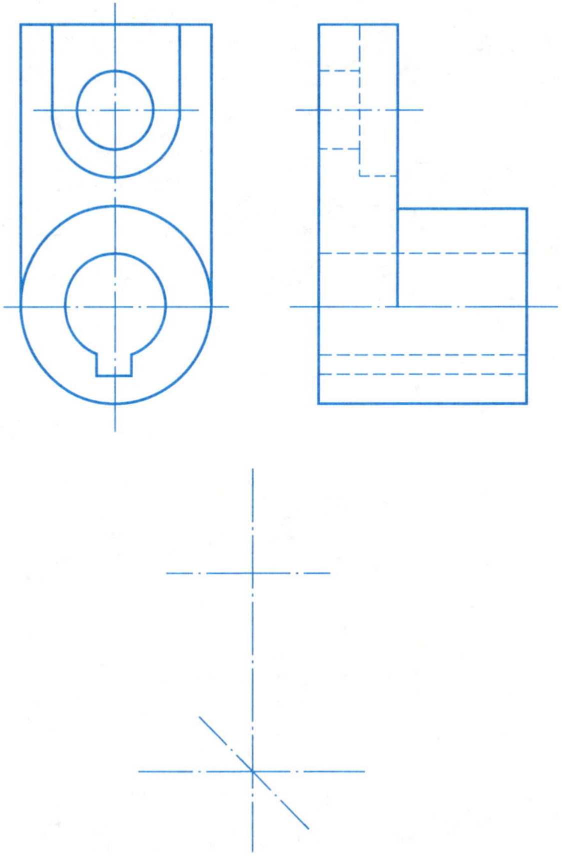

| 班级 | 姓名 | 学号 |

第4章 轴 测 图

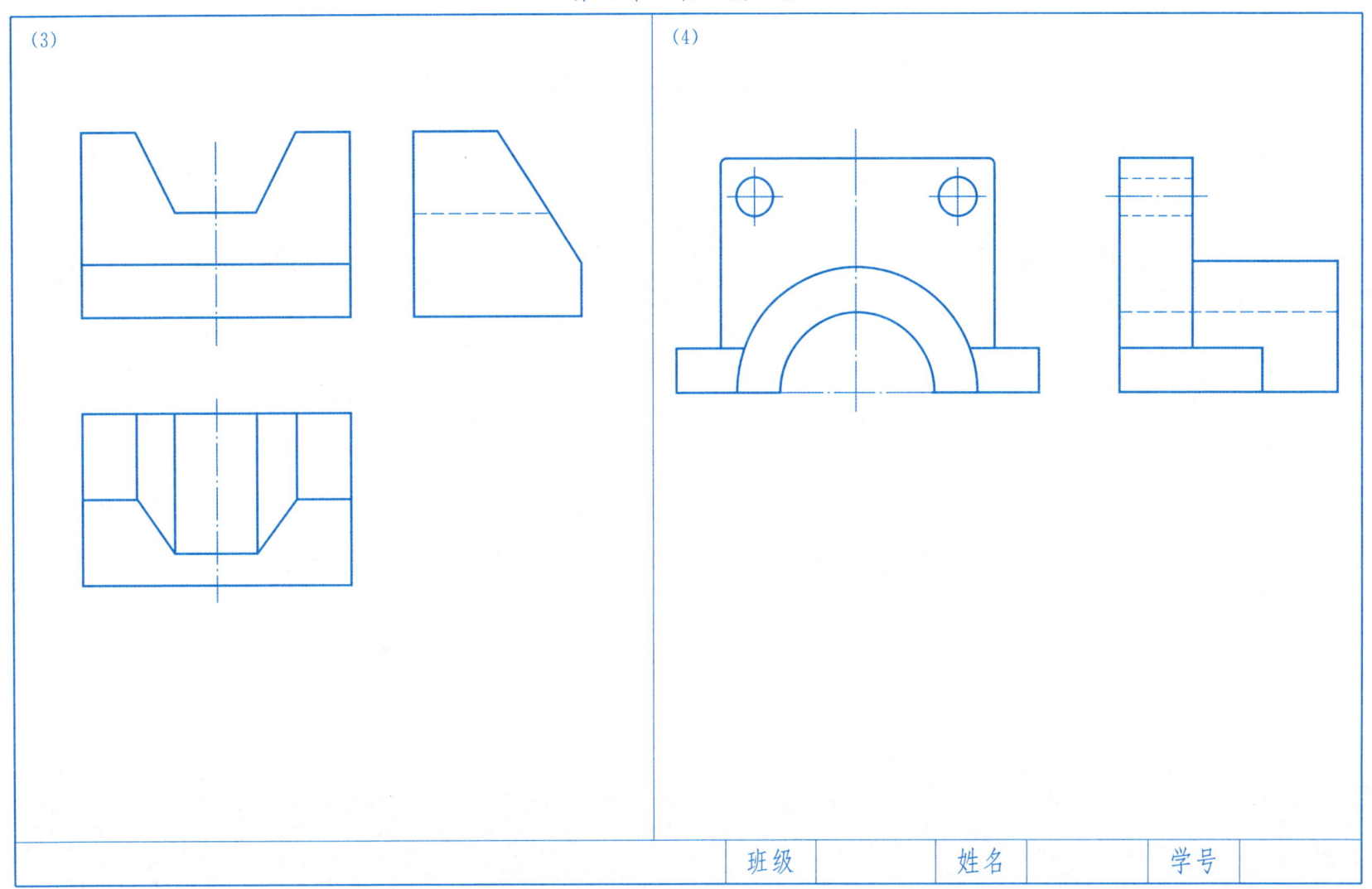

第5章 机件的图样画法

5.1 视图

1. 参照立体图，根据主视图、俯视图和左视图，补画右视图、后视图和仰视图。

2. 在合适的位置分别画出 A、B 向视图。

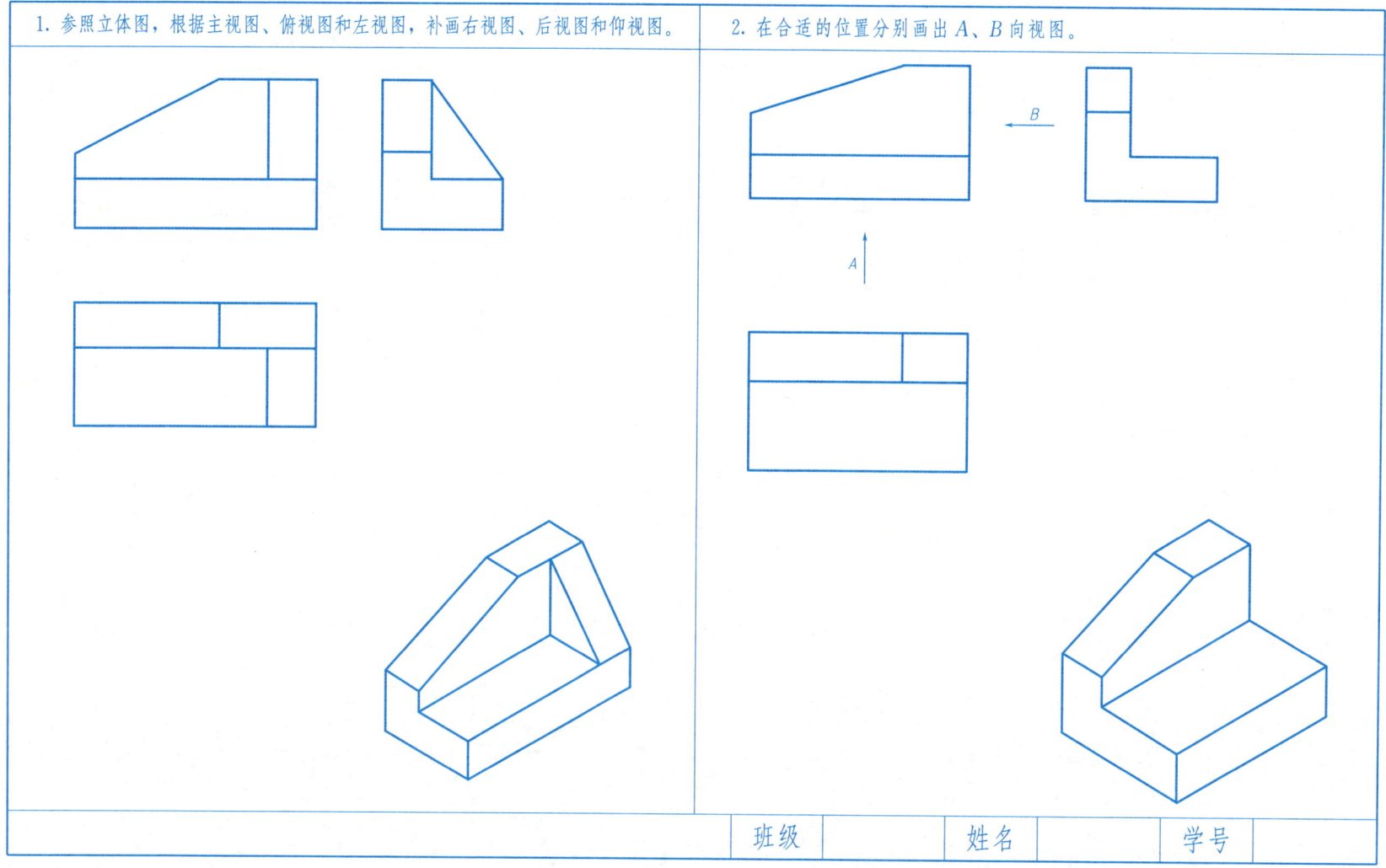

第 5 章 机件的图样画法

3. 参照立体图,根据主视图和俯视图,补画左视图和右视图,并在合适位置完成 A、B 向视图。

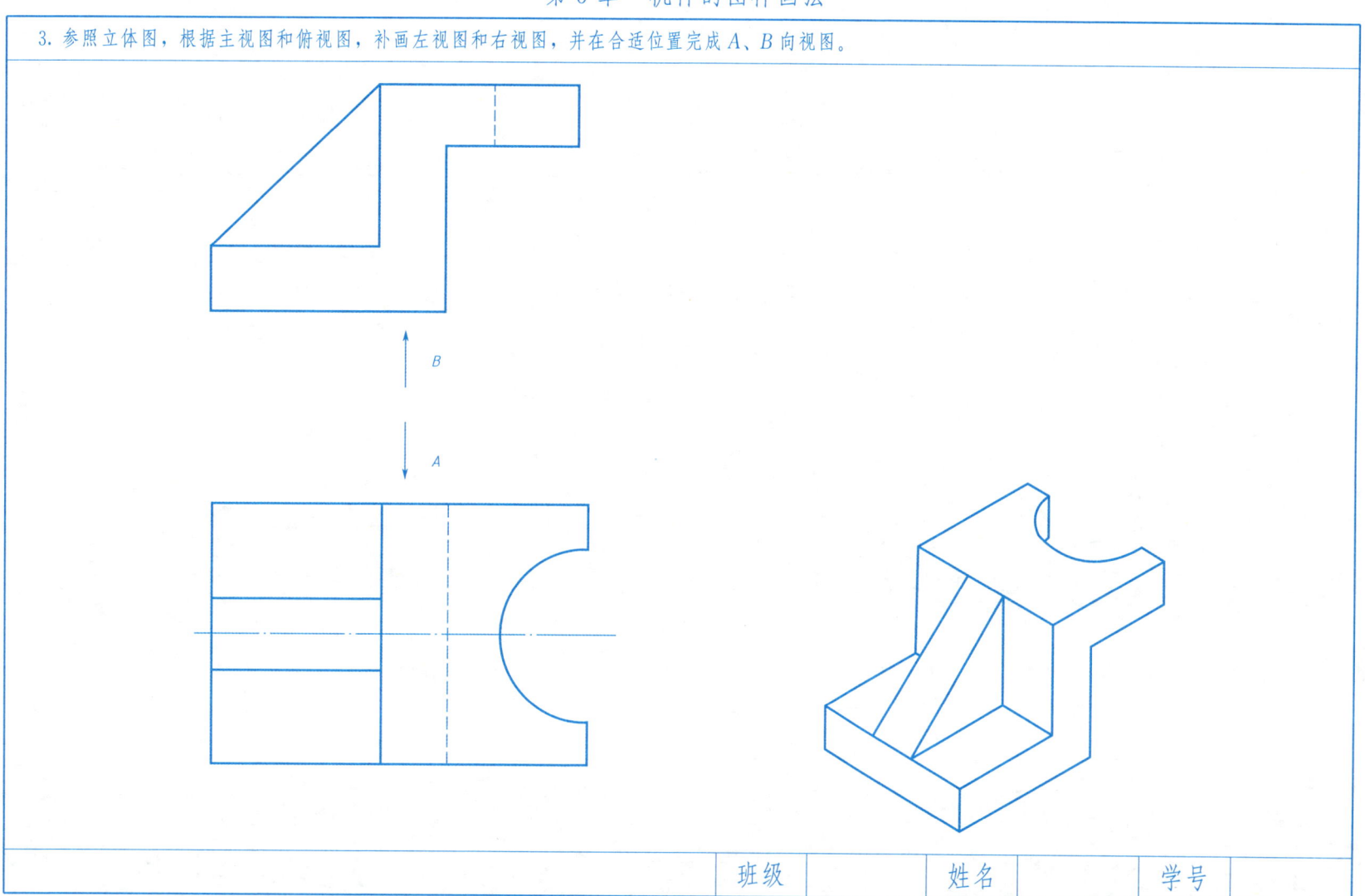

| 班级 | | 姓名 | | 学号 | |

第 5 章 机件的图样画法

4. 根据立体图,画出 A 向局部视图。

5. 参照立体图,画出 A 向斜视图。

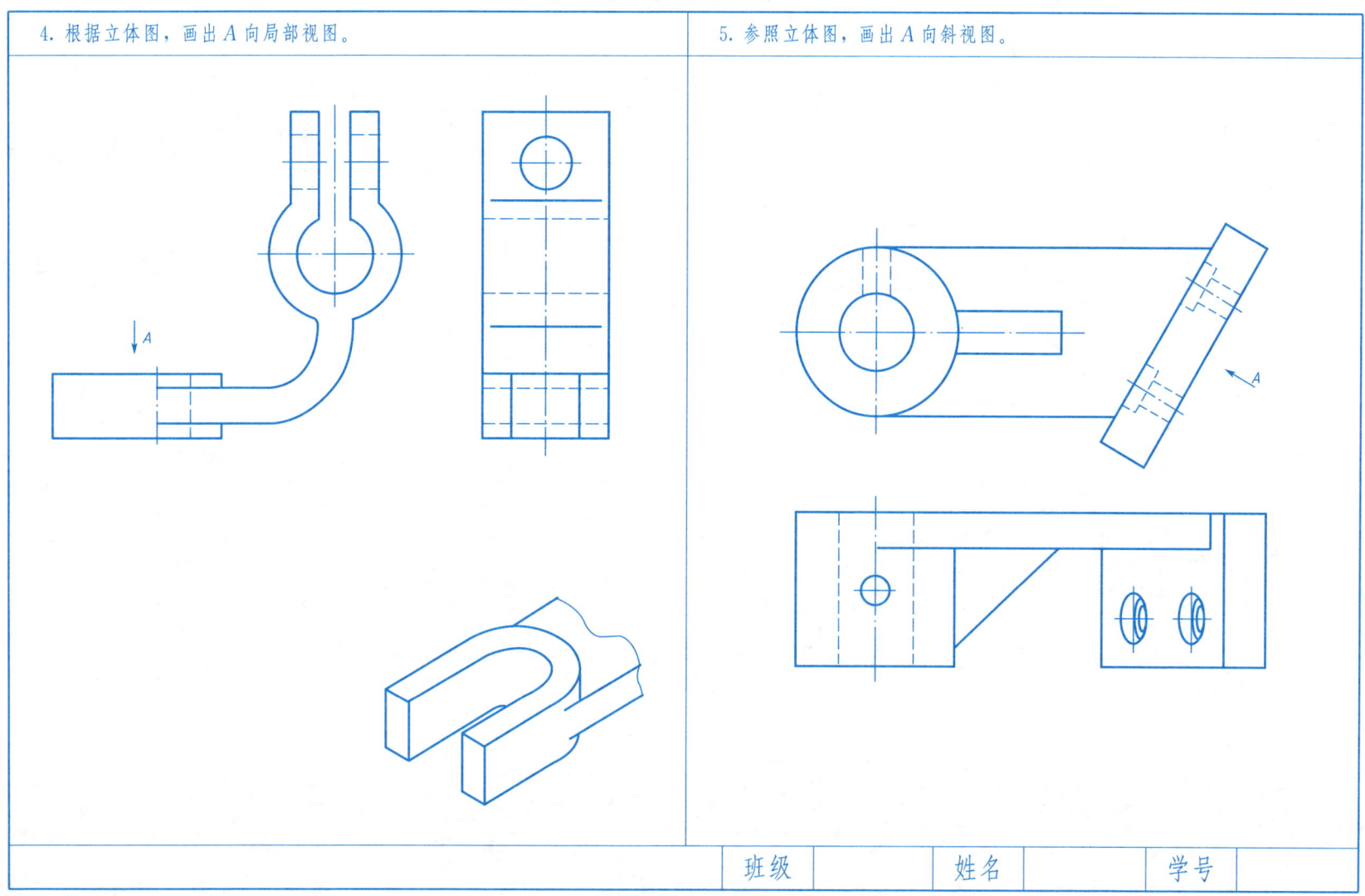

| 班级 | | 姓名 | | 学号 | |

第 5 章 机件的图样画法

6. 按箭头所指方向画出局部视图和斜视图（可旋转配置），并按规定标注。

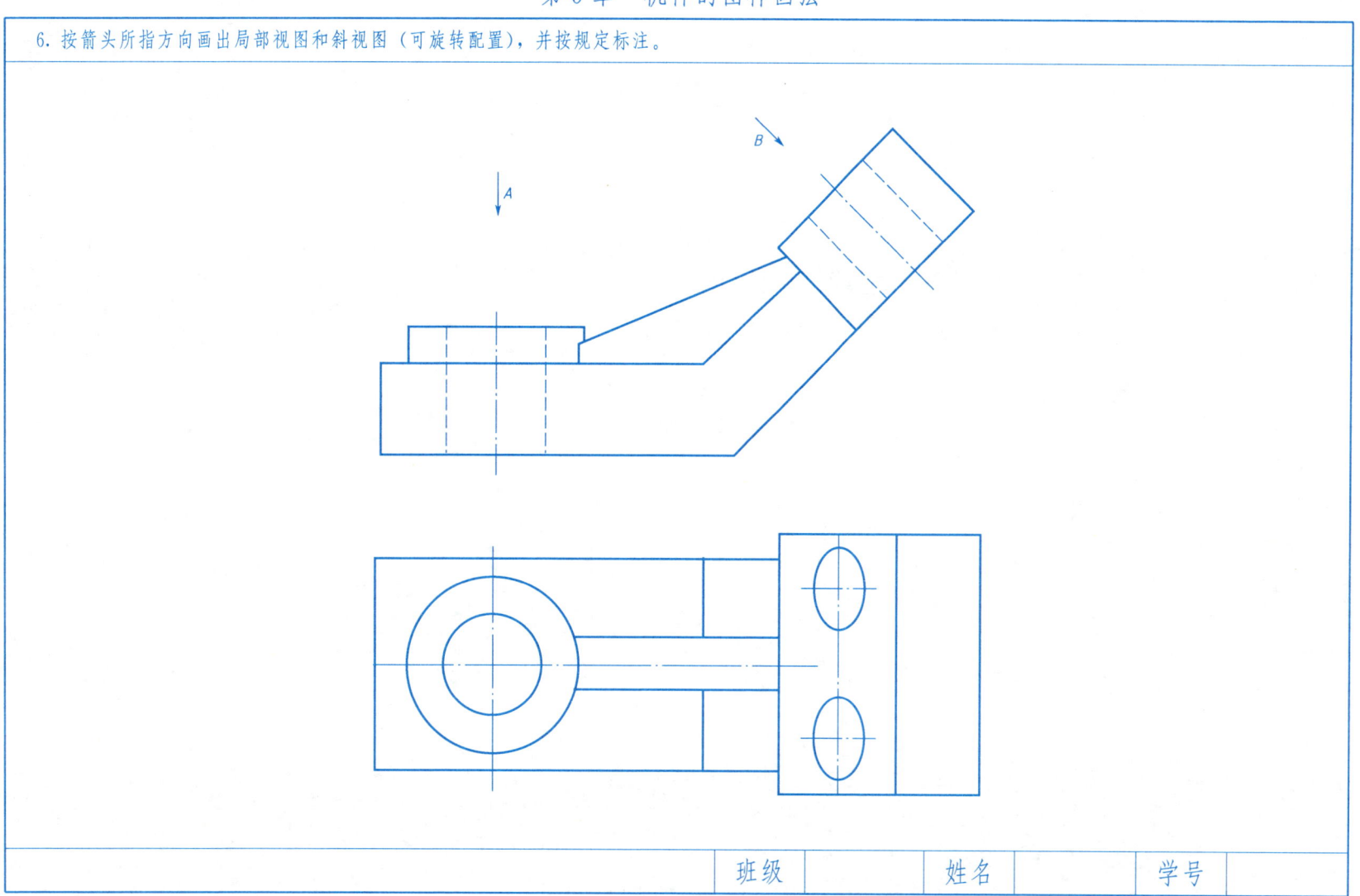

第 5 章 机件的图样画法

5.2 剖视图

1. 补全剖视图中的漏线。

(1)

(2)

(3)

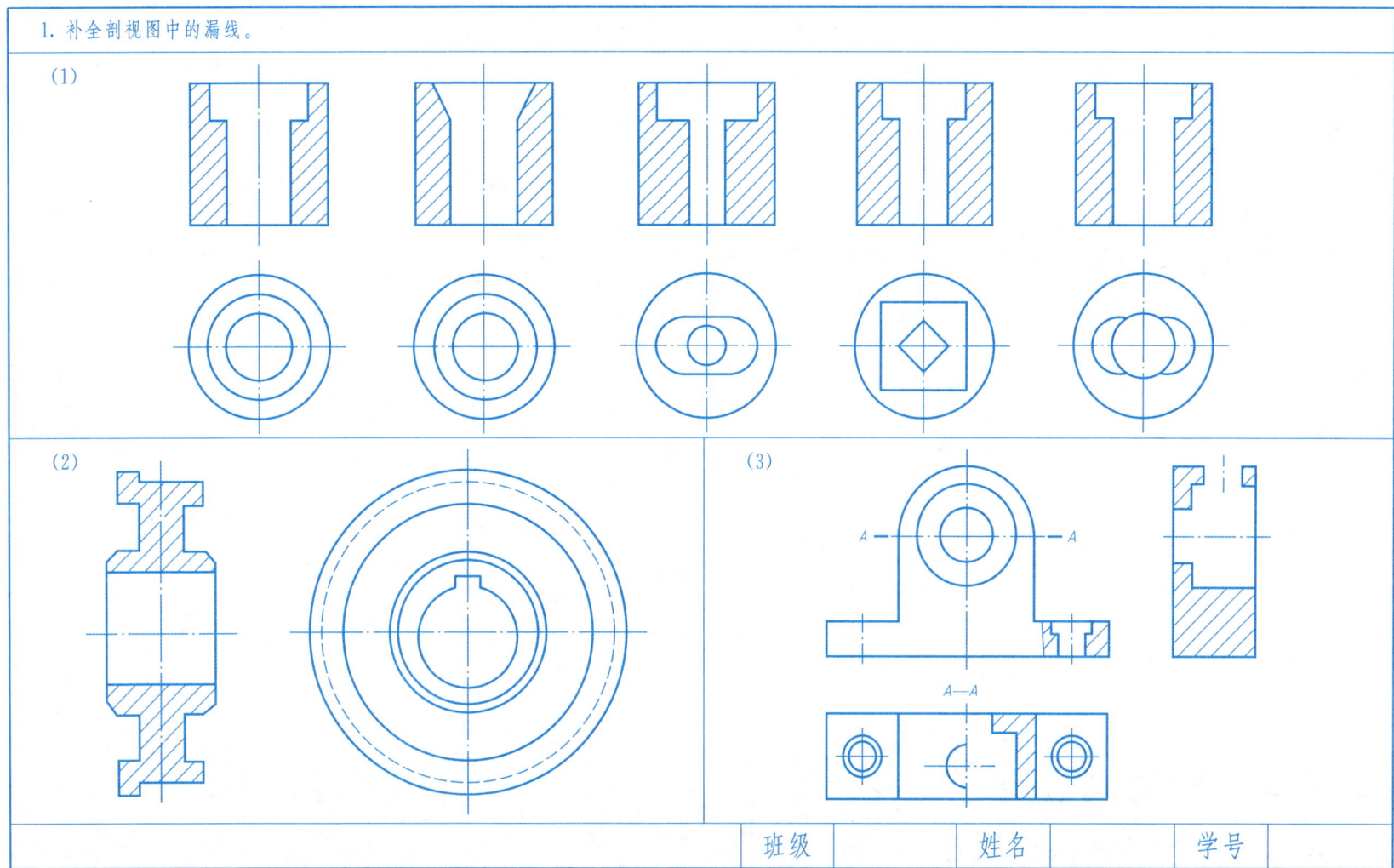

班级　　姓名　　学号

第 5 章 机件的图样画法

2. 在指定位置把主视图画成全剖视图。

(1)

(2)

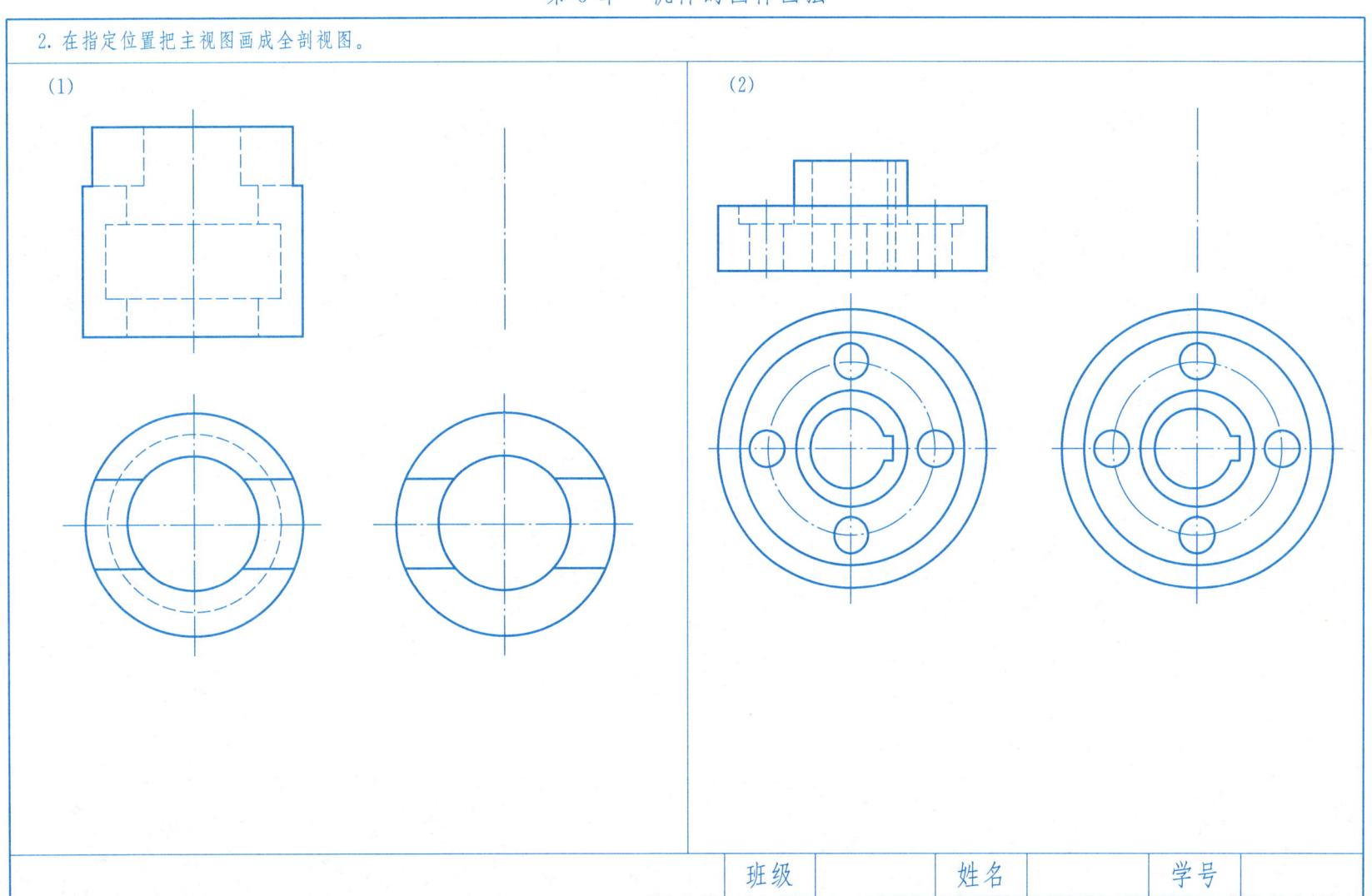

第 5 章　机件的图样画法

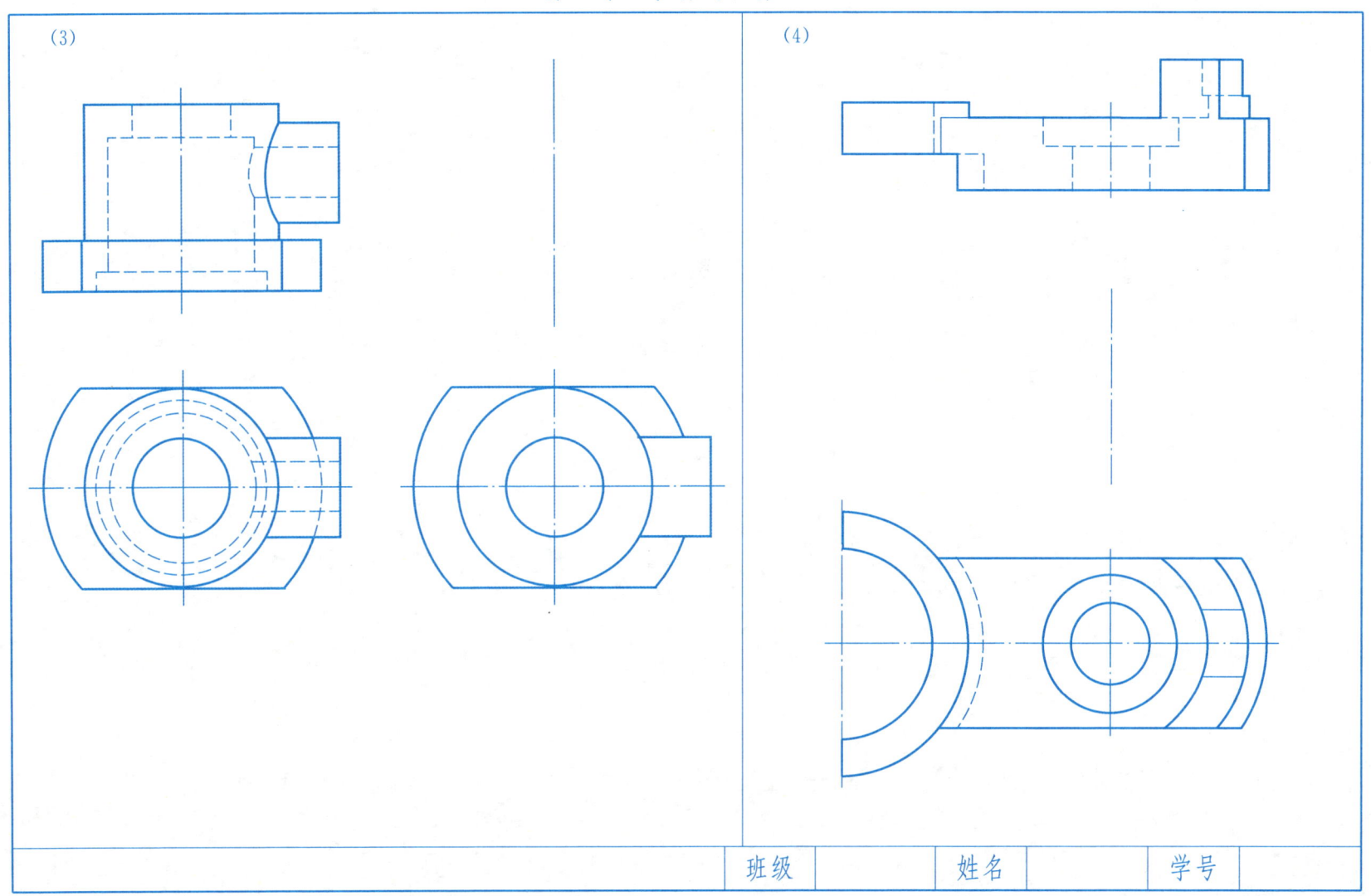

第 5 章 机件的图样画法

3. 画出 A—A 全剖视图。

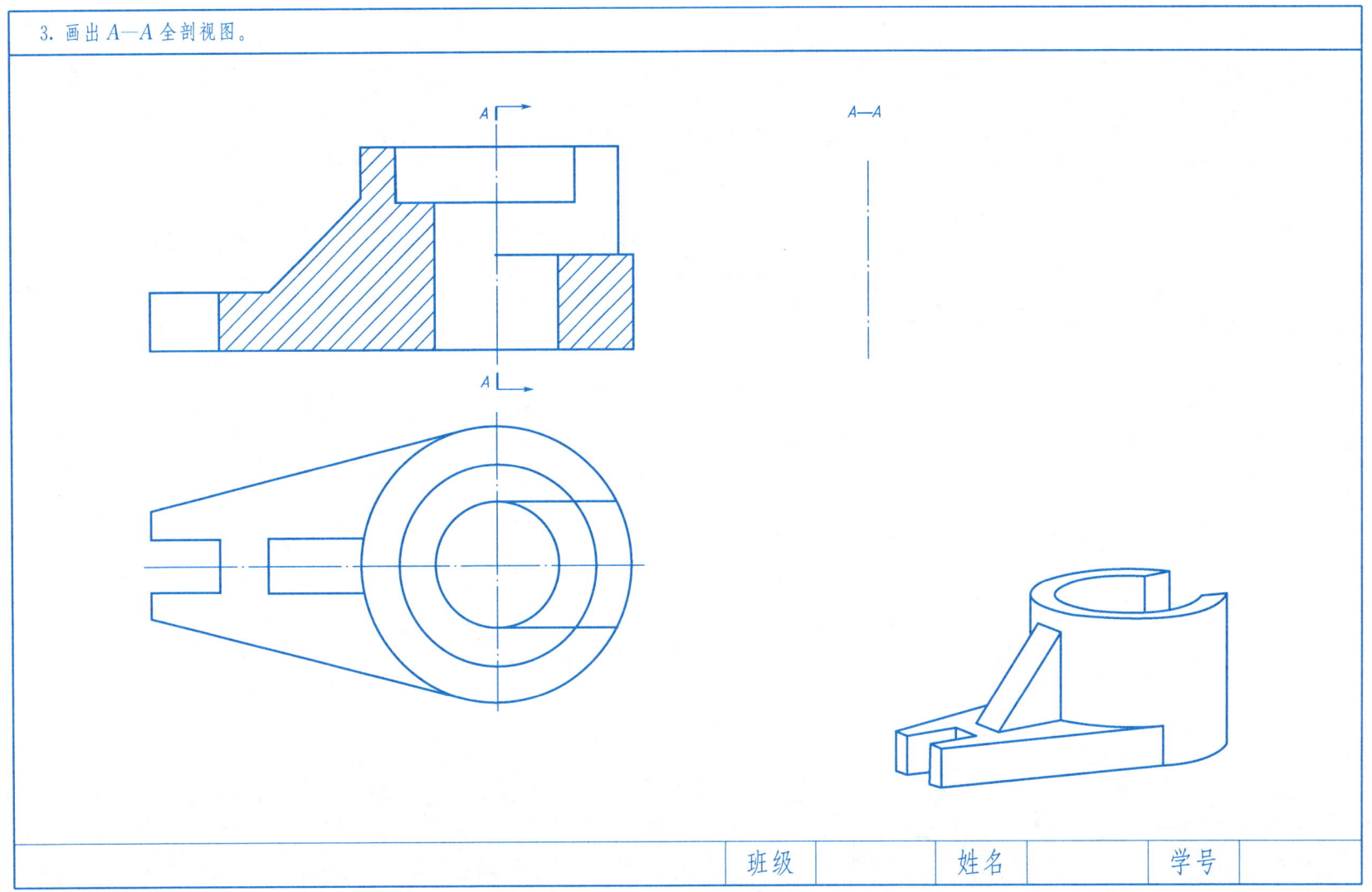

第 5 章　机件的图样画法

4. 将主视图在指定位置改成半剖视图。

(1)

(2)

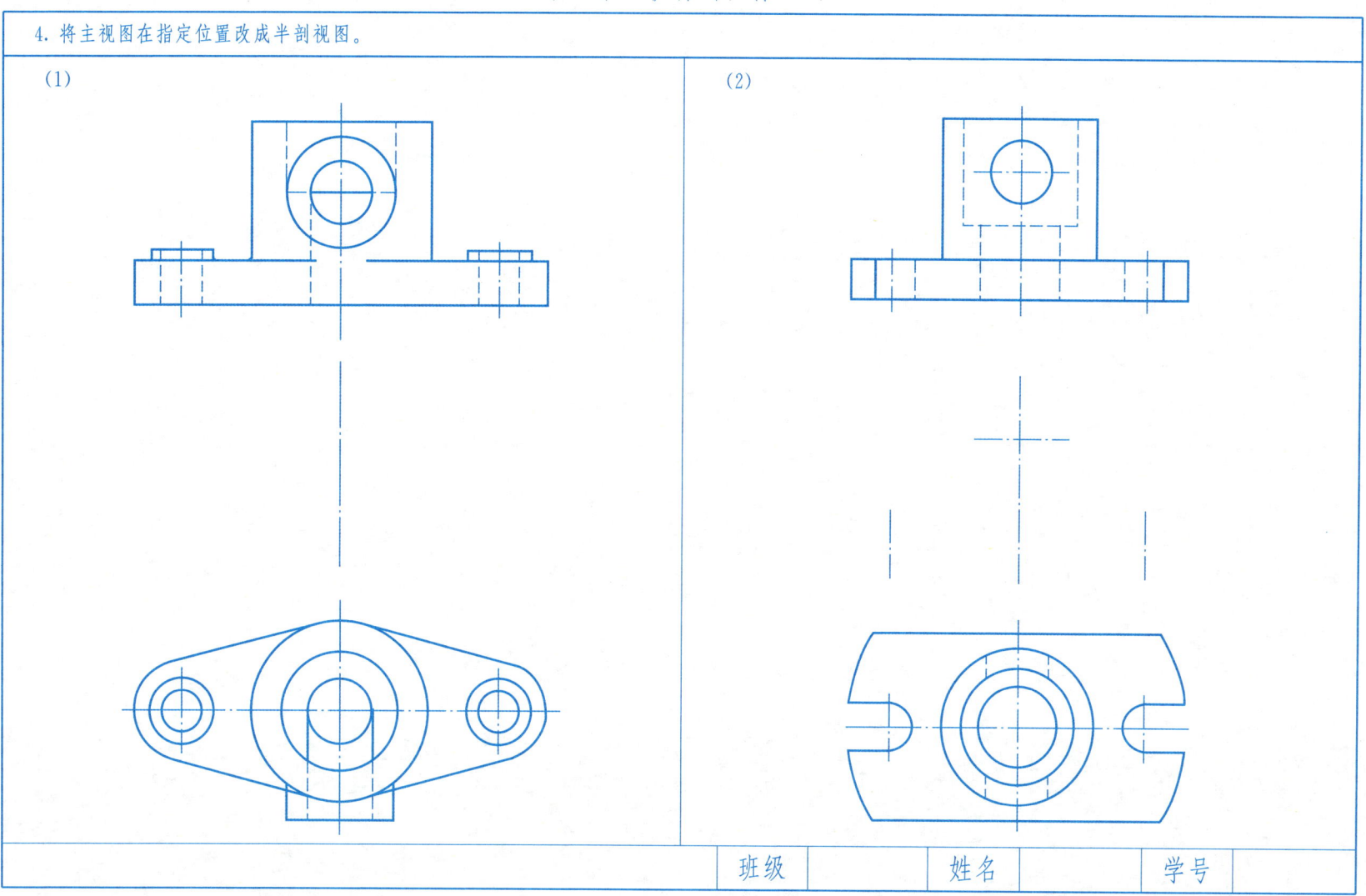

第 5 章 机件的图样画法

5. 在指定位置补画半剖的左视图。

6. 在指定位置画出 C—C 剖视图。

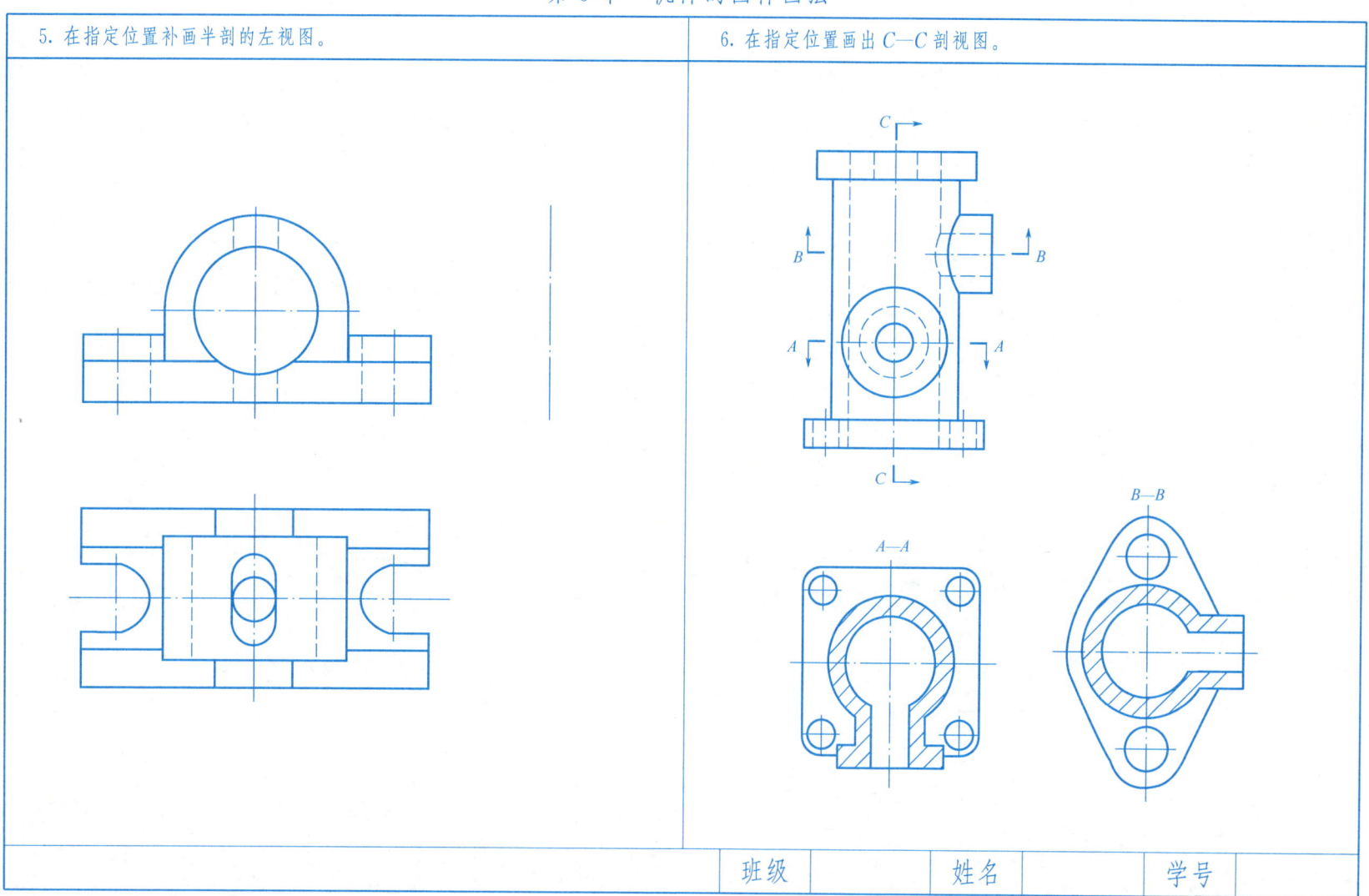

第 5 章 机件的图样画法

7. 选择正确的局部剖视图,并在其右侧的括号内画"√"。

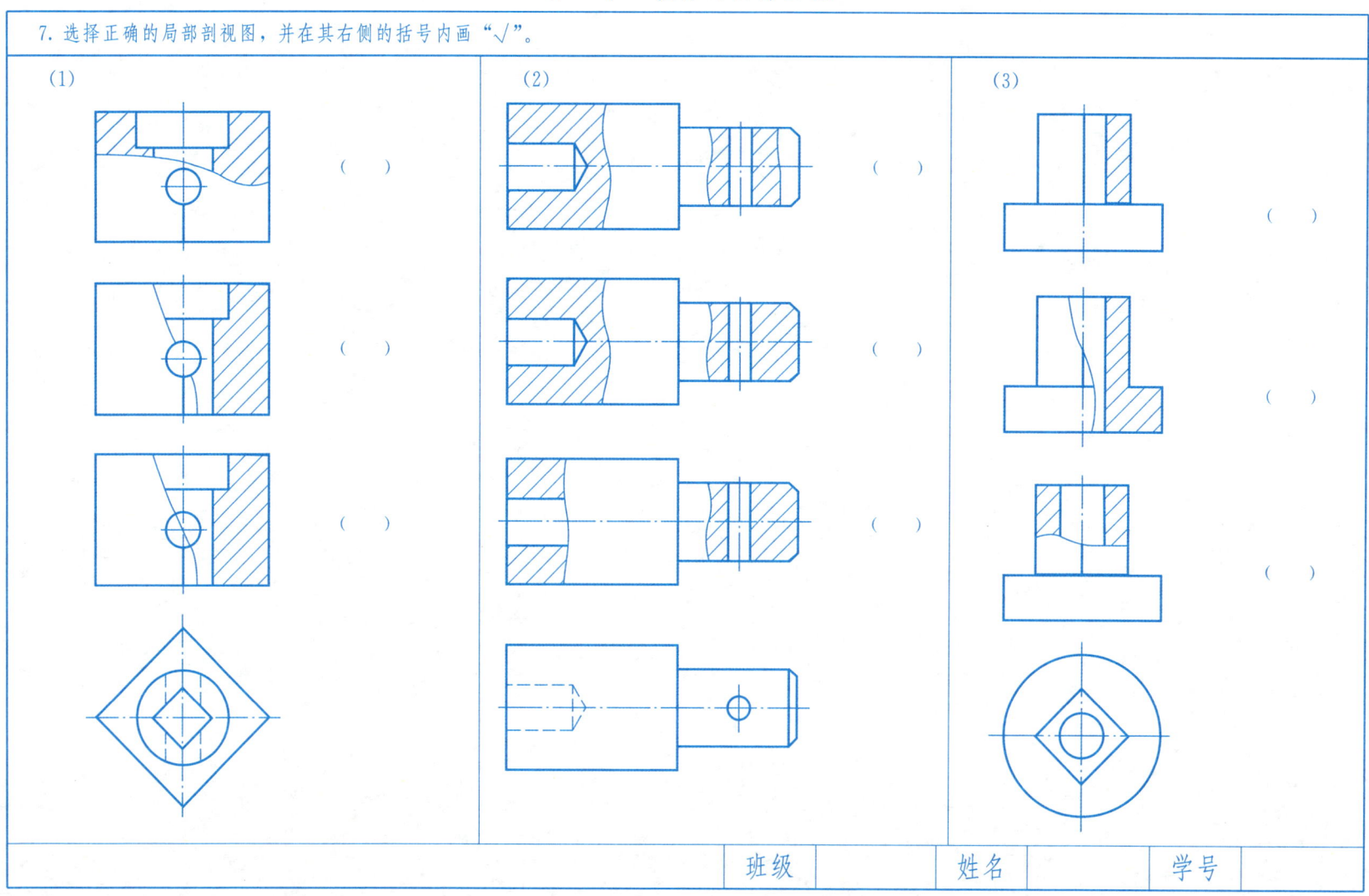

第 5 章 机件的图样画法

8. 将主视图画成适当的剖视图。

(1)

(2)

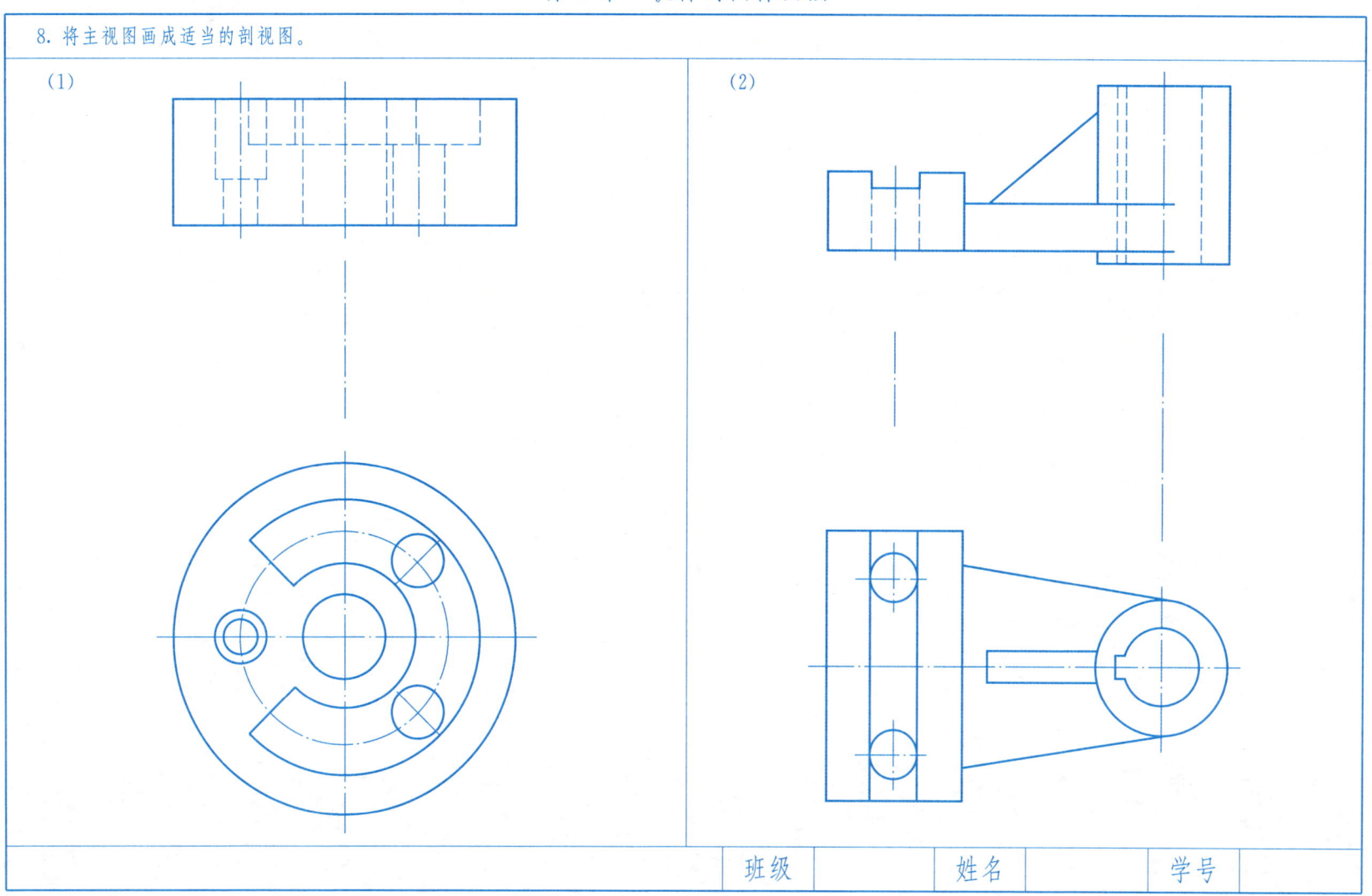

第 5 章 机件的图样画法

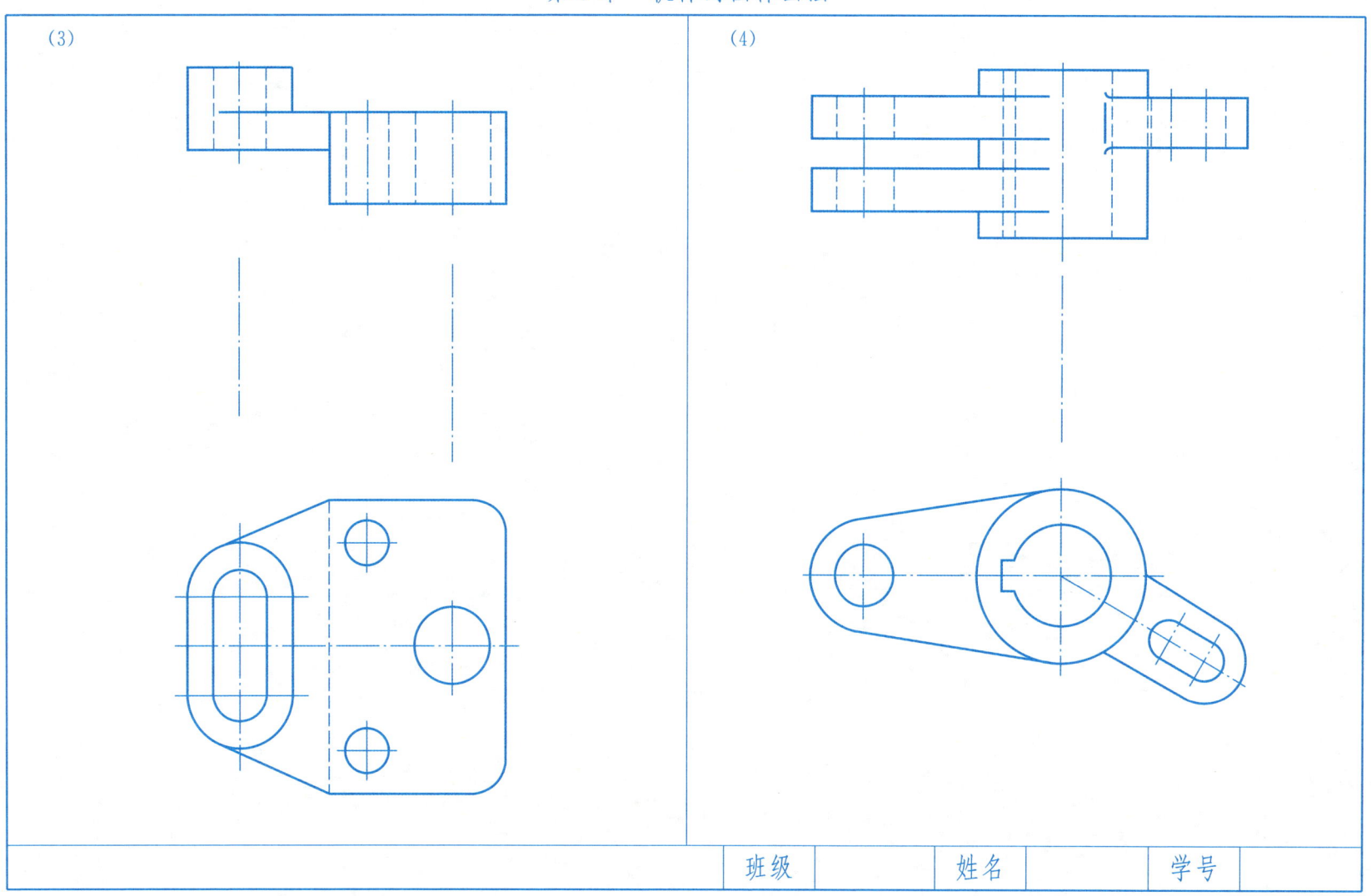

第5章 机件的图样画法

5.3 断面图

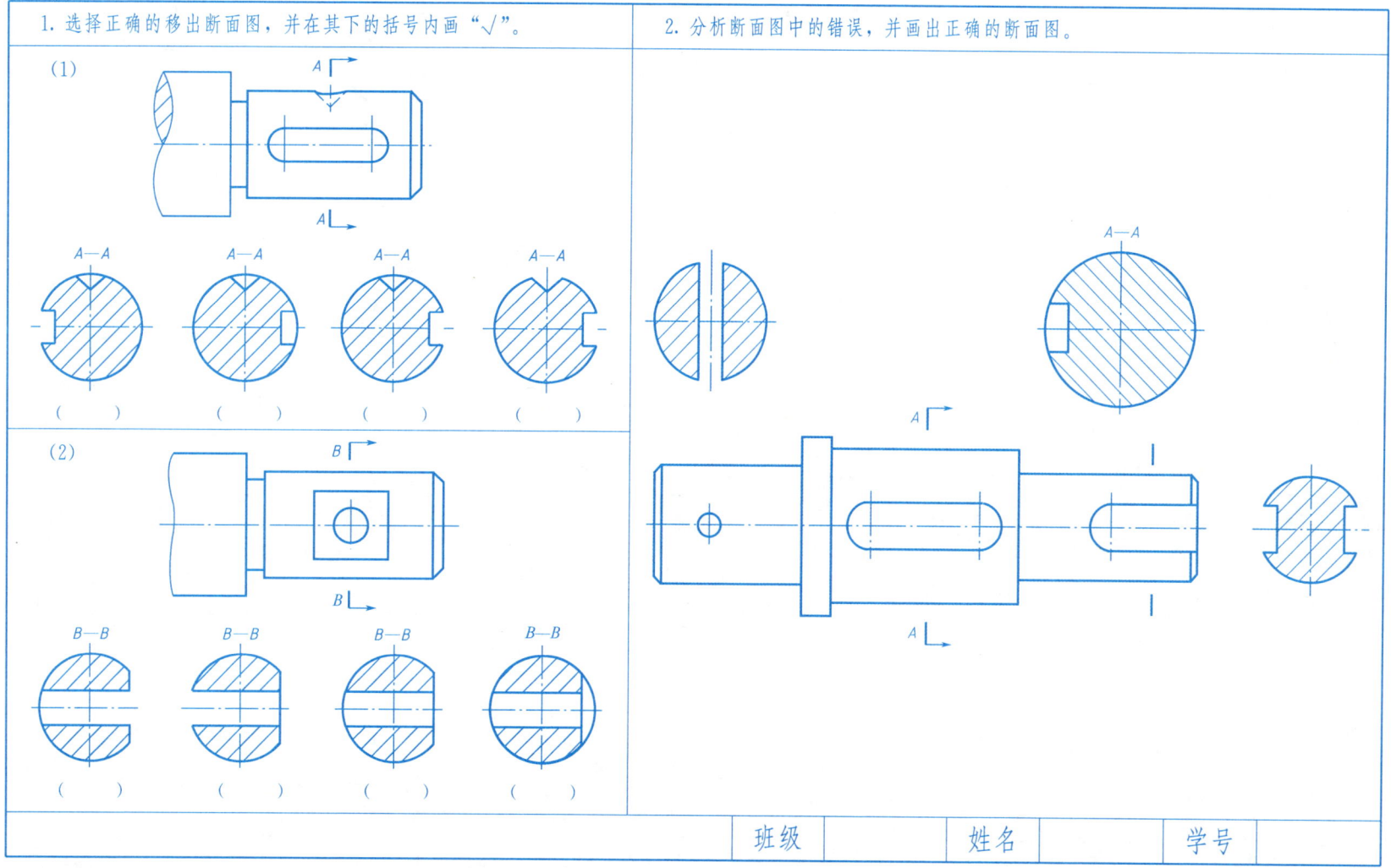

第 5 章 机件的图样画法

3. 在指定位置画出断面图（左、右键槽宽度、深度相同）。

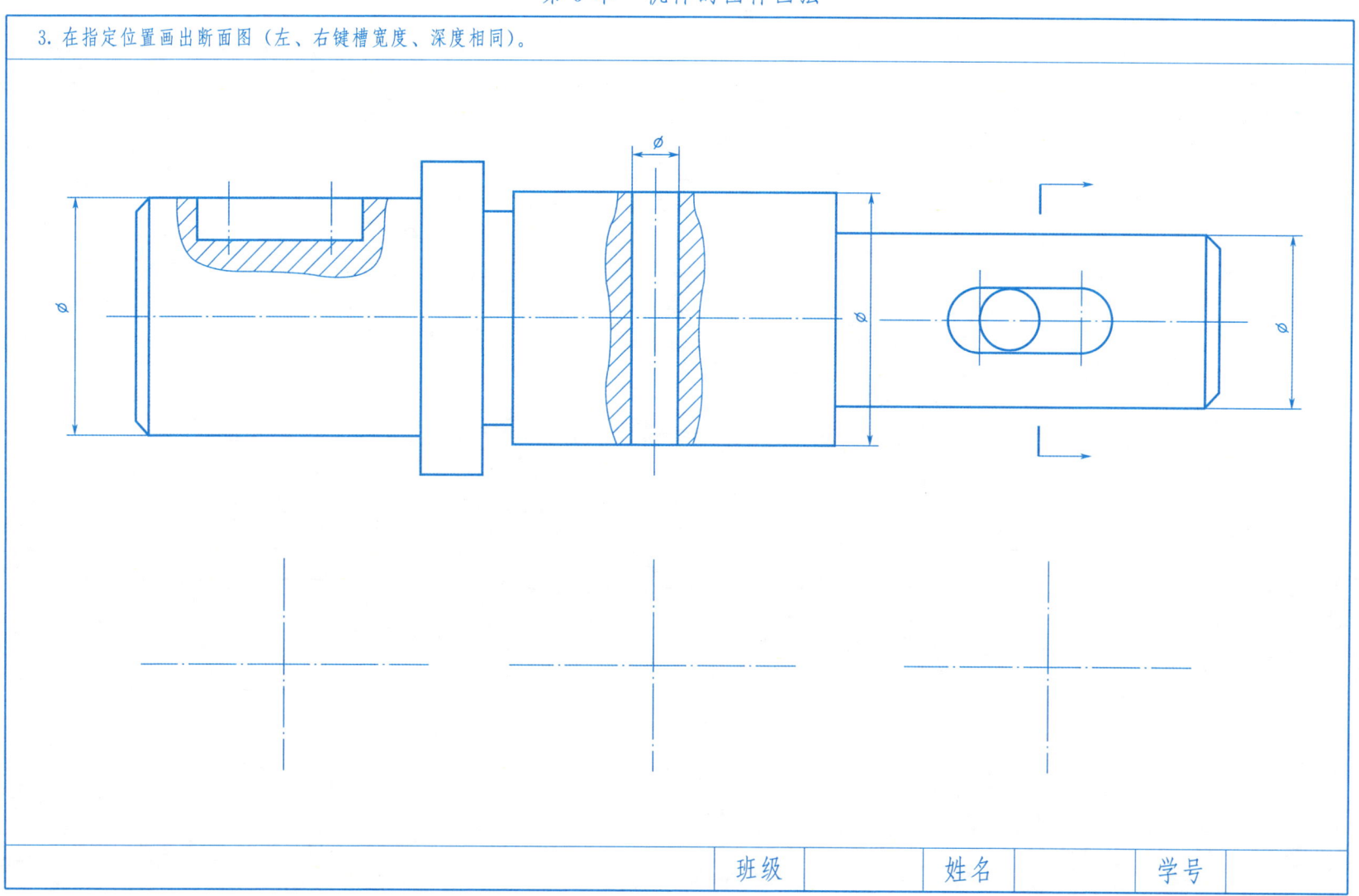

| 班级 | | 姓名 | | 学号 | |

第 5 章　机件的图样画法

4. 在两个相交剖切平面迹线的延长线上作移出断面图。

5. 画出肋板的重合断面图。

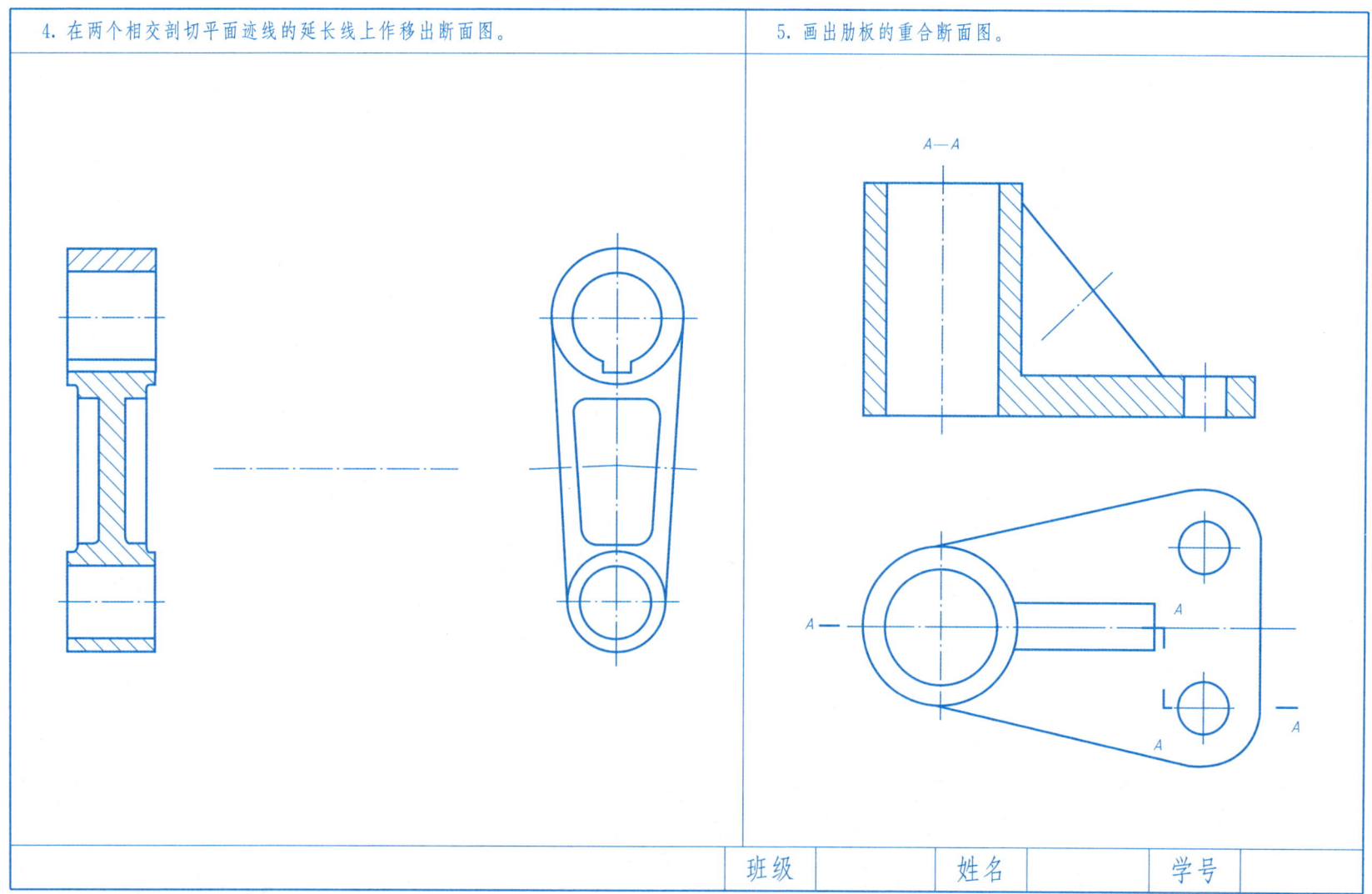

第5章 机件的图样画法

5.5 第三角画法

参照立体图，补画俯视图。

(1)

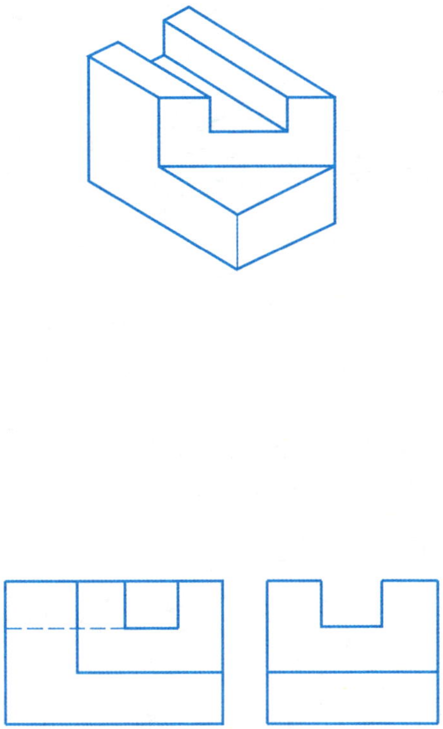

(2)

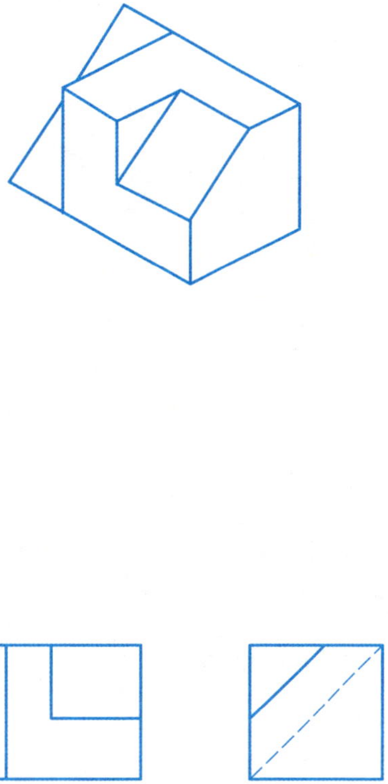

(3)

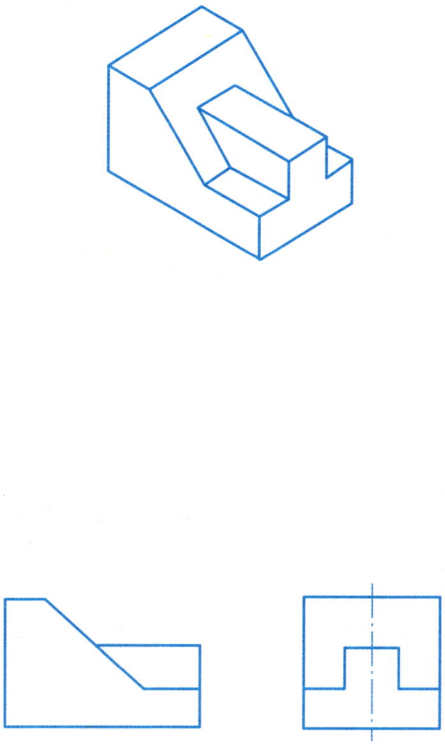

| 班级 | 姓名 | 学号 |

第6章 尺寸标注方法

6.2 常见的尺寸标注

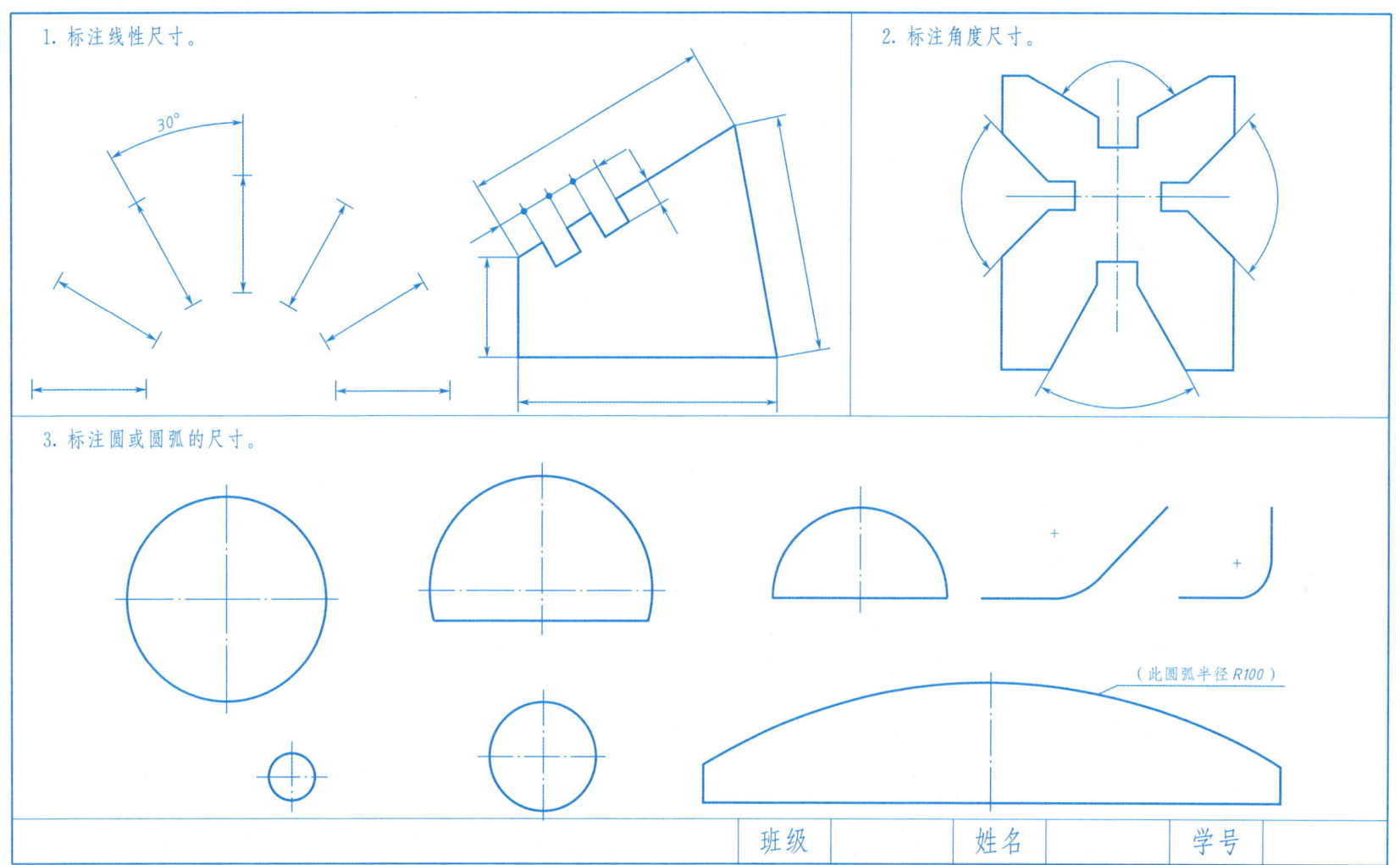

第6章 尺寸标注方法

4. 尺寸标注（尺寸数字直接从图中量取，并取整数）。

(1)

(2)

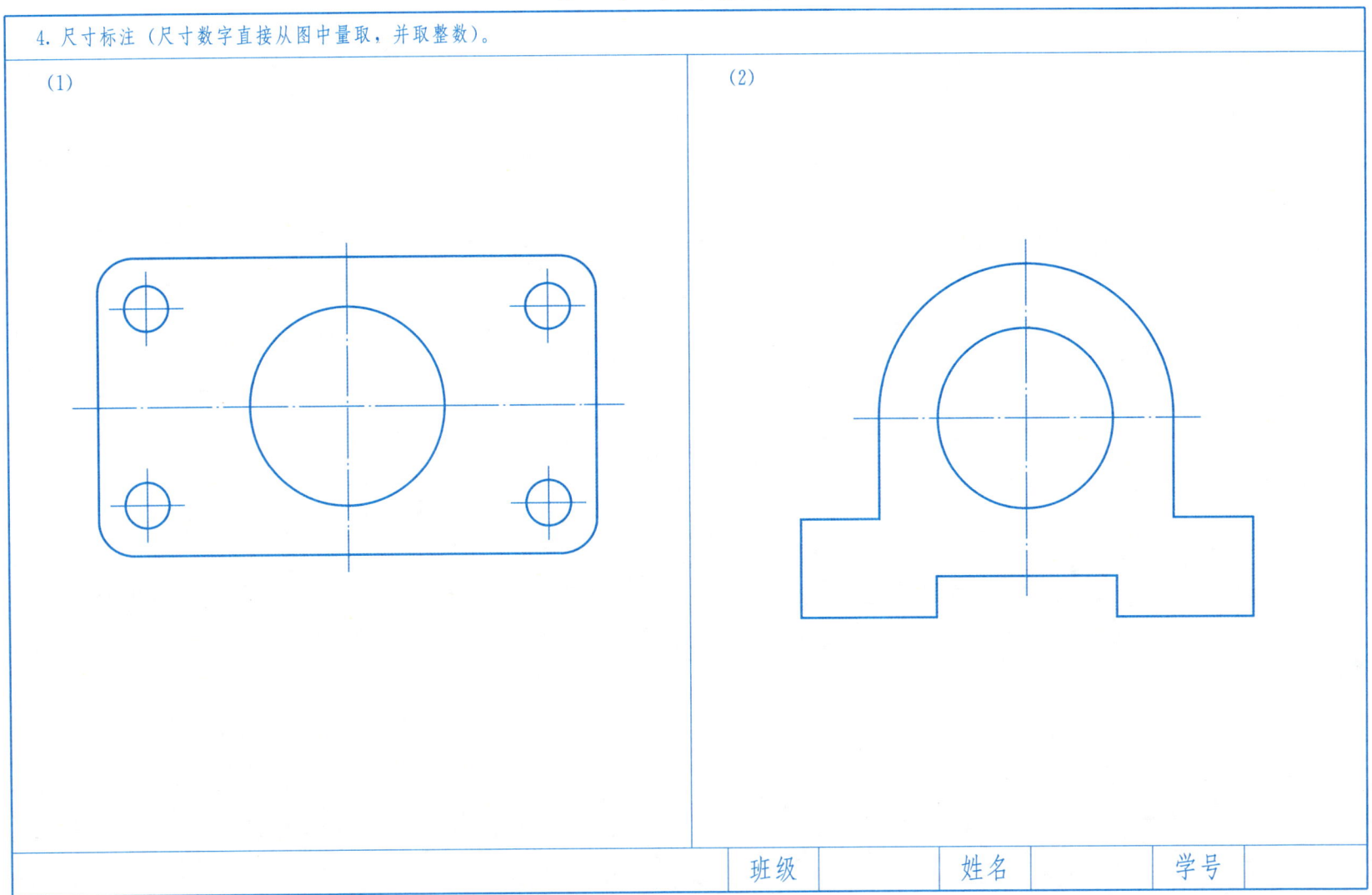

| 班级 | | 姓名 | | 学号 | |

第6章 尺寸标注方法

6.3 基本体的尺寸标注

分析图中标注错误的尺寸，并将改正后的尺寸标注在下图中。

(1)

(2)

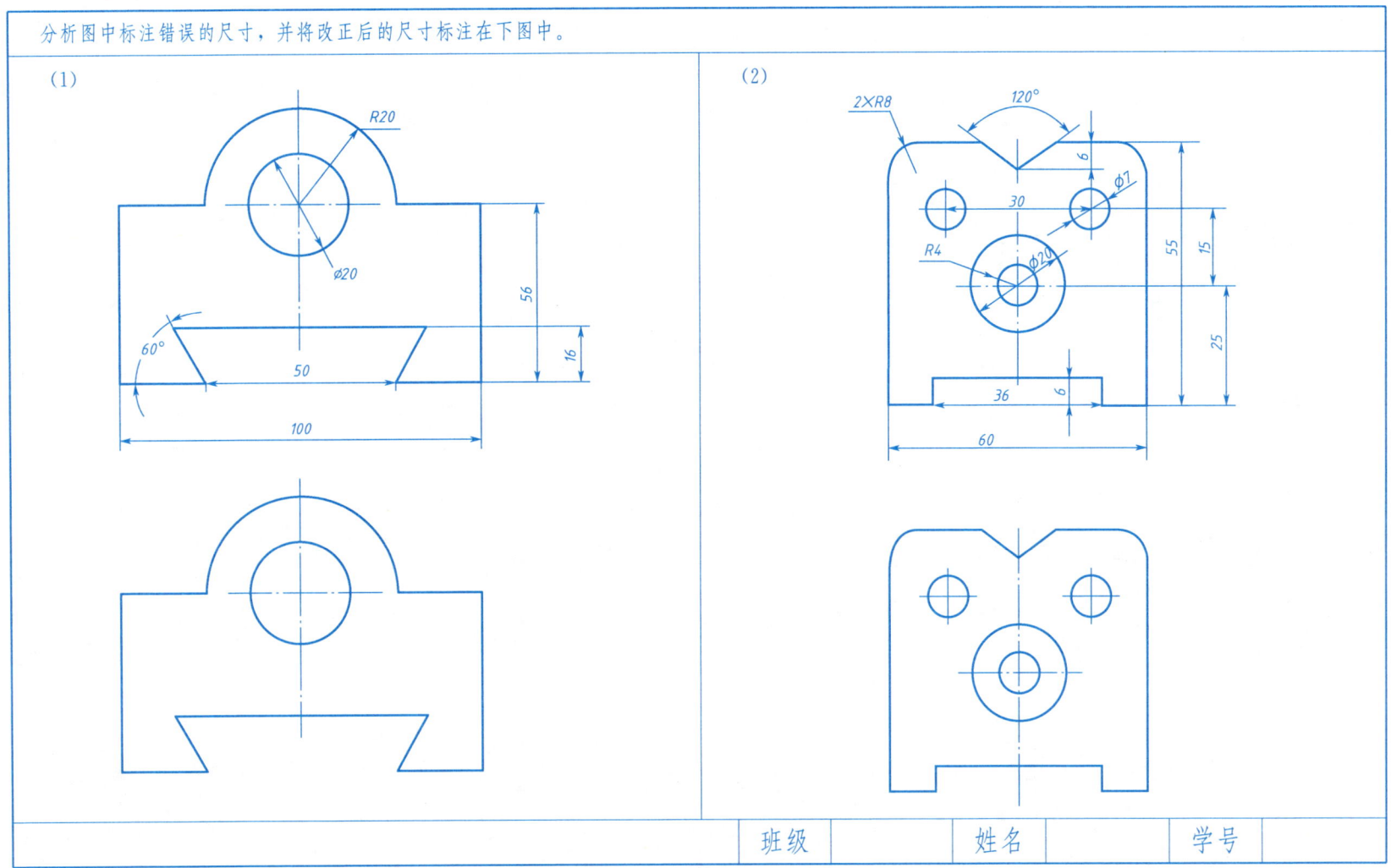

第 6 章 尺寸标注方法

6.4 组合体的尺寸标注

标注组合体的一般步骤

1. 指出下列两个图形横竖两个方向的尺寸基准，并指出哪些尺寸是定形尺寸，哪些尺寸是定位尺寸。

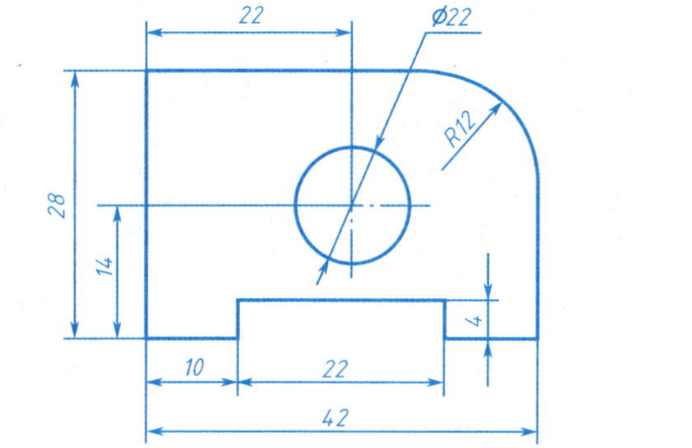

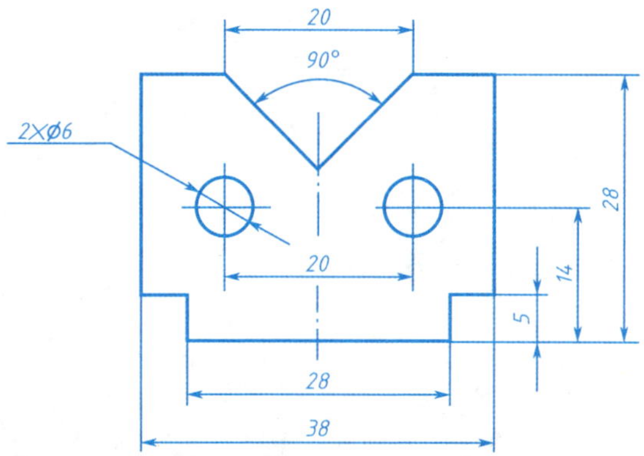

2. 分析图形，并指出下图中长度和宽度两个方向的尺寸基准。

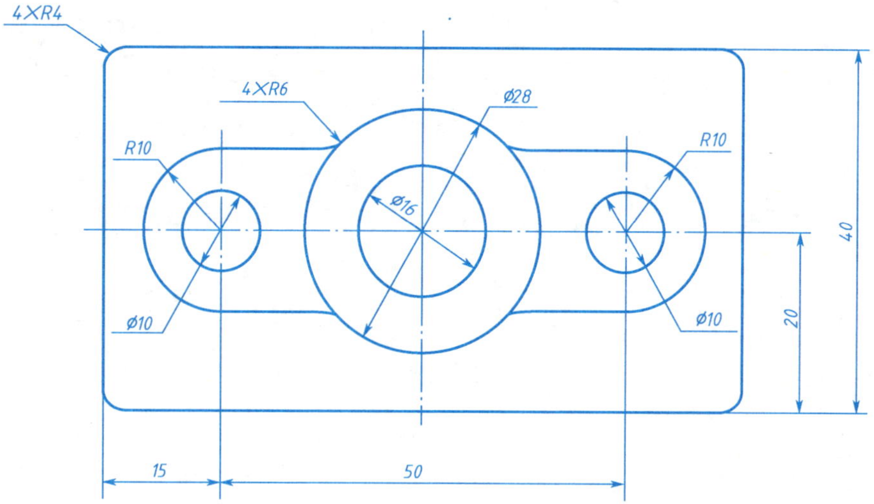

班级　　　姓名　　　学号

第 6 章 尺寸标注方法

3. 标注图中的所有尺寸（尺寸按 1∶1 的比例量取，取整数）。

(1)

(2)

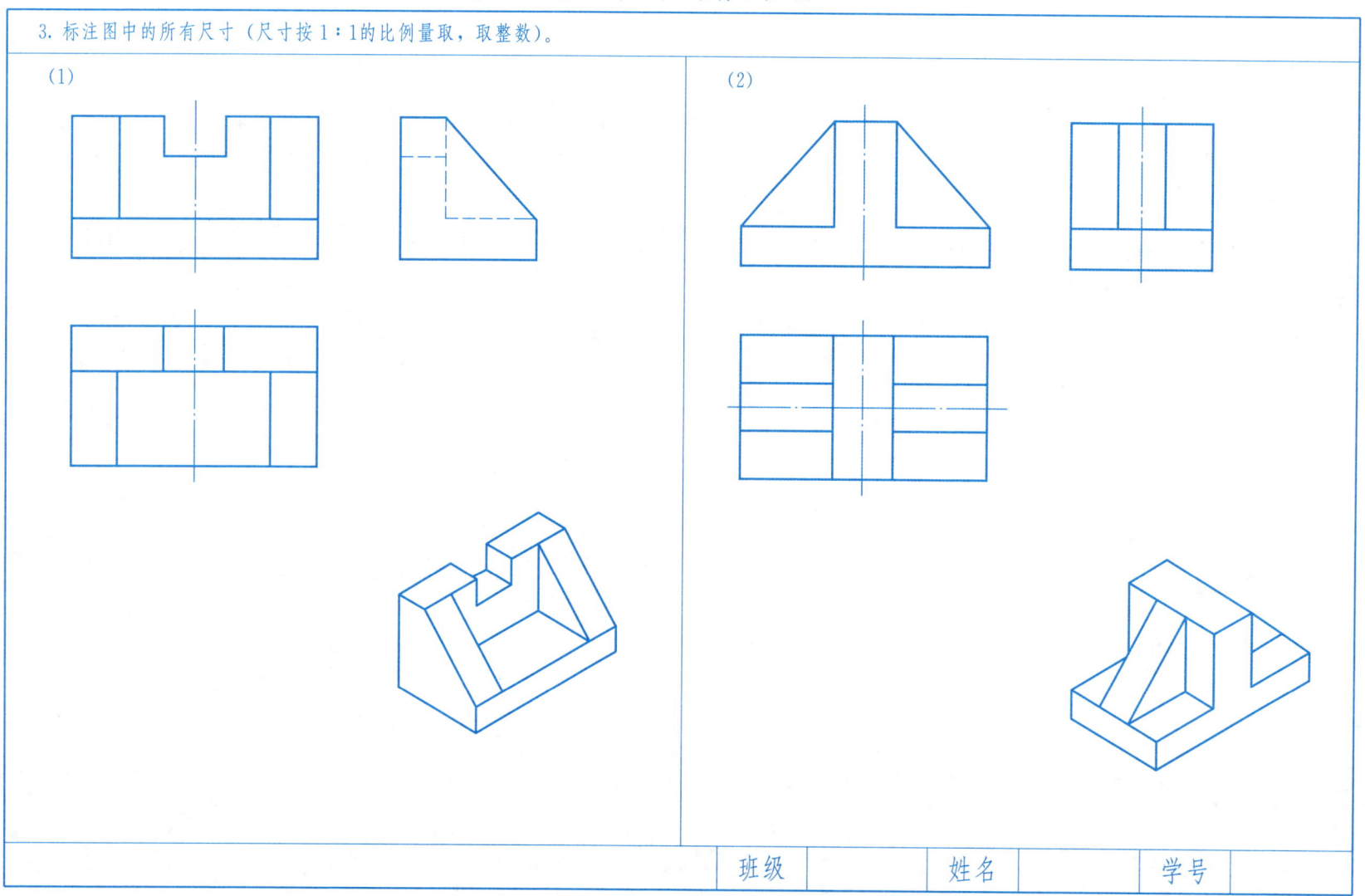

| 班级 | | 姓名 | | 学号 | |

第6章 尺寸标注方法

6.5 标注零件尺寸

1. 标注图中的所有尺寸（尺寸按1∶1的比例量取，取整数）。

(1)

(2)

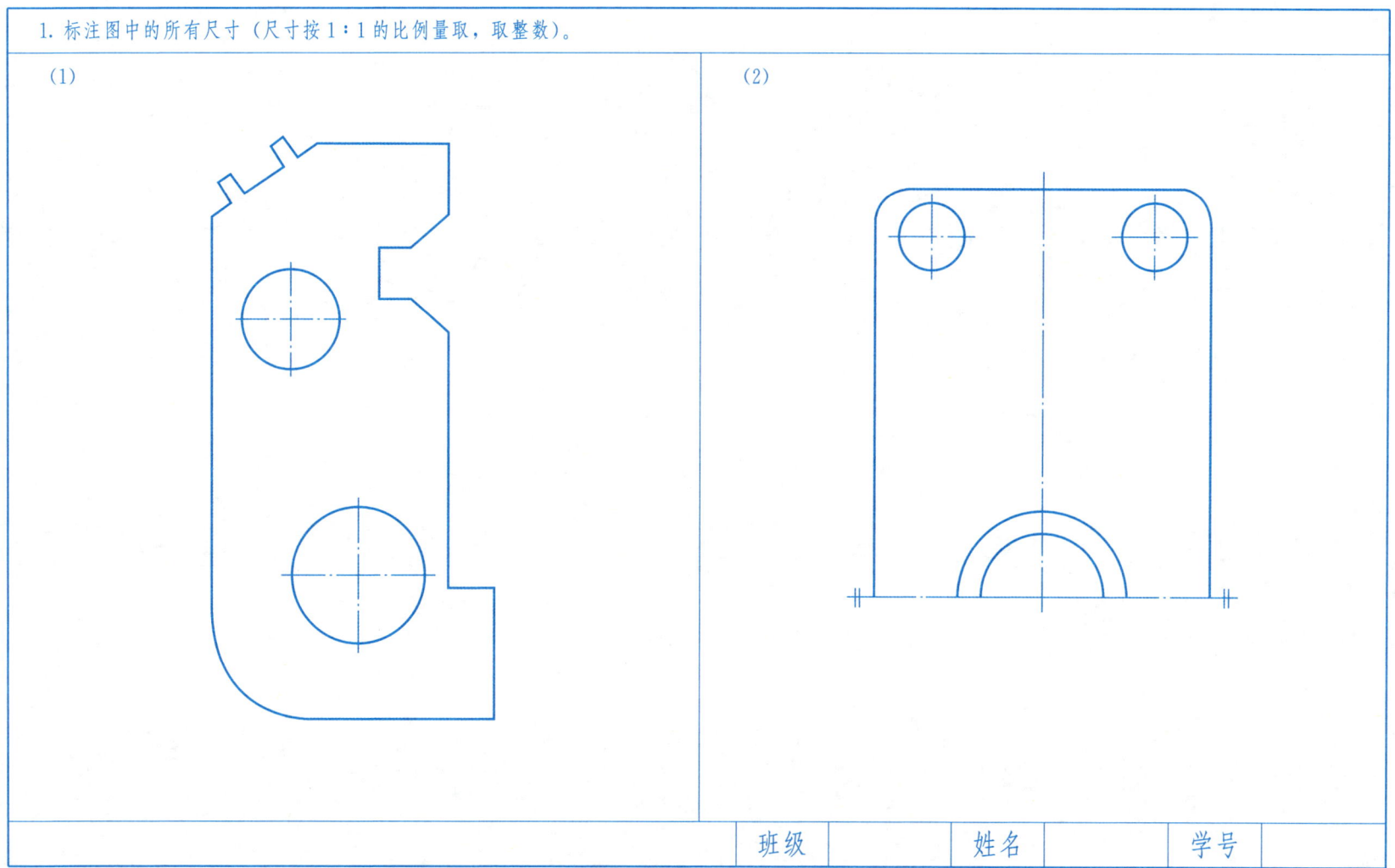

第6章 尺寸标注方法

2. 根据立体图选择合适的比例画出立体的三视图并标注尺寸。

(1)

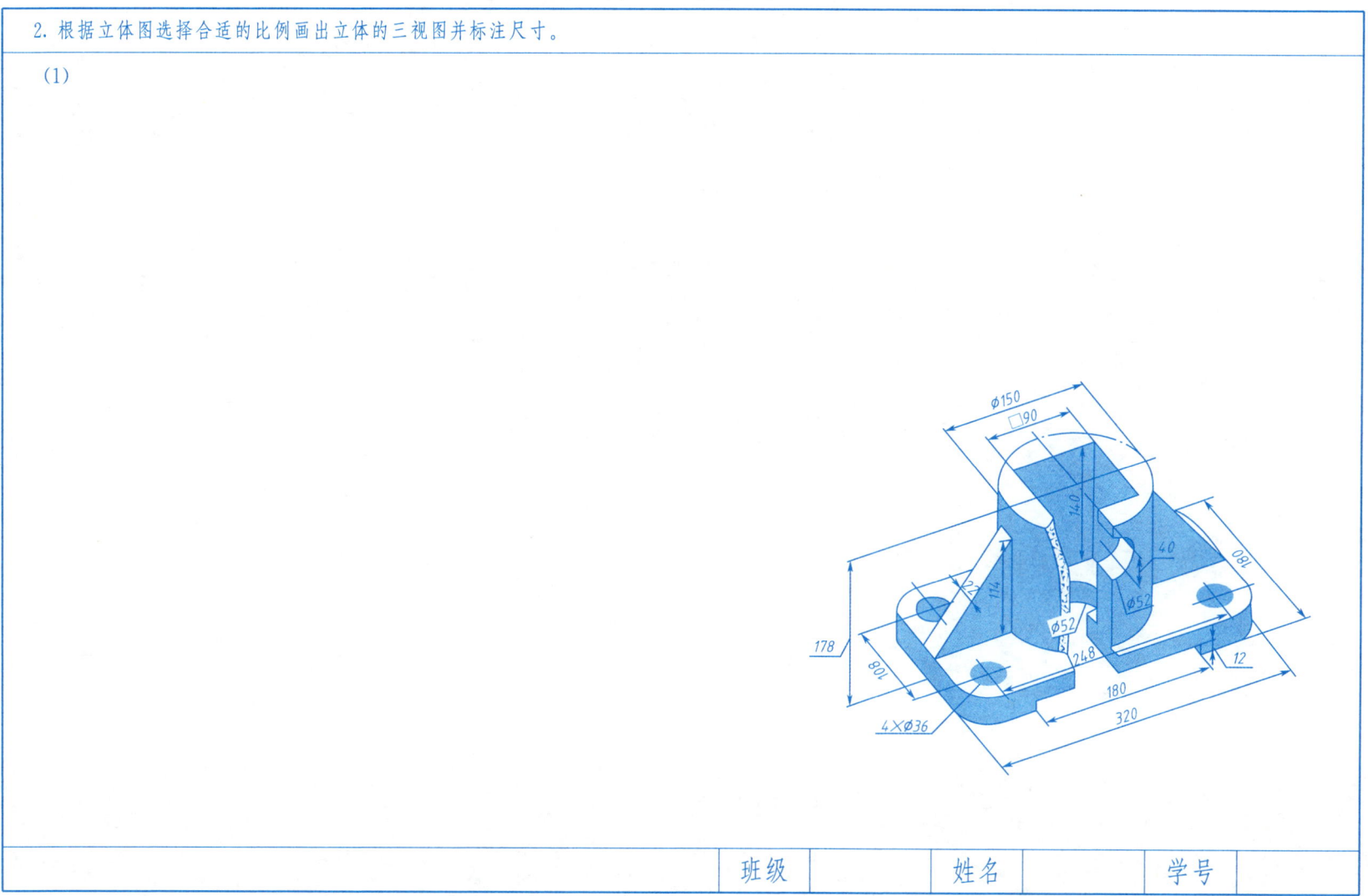

第6章 尺寸标注方法

(2)

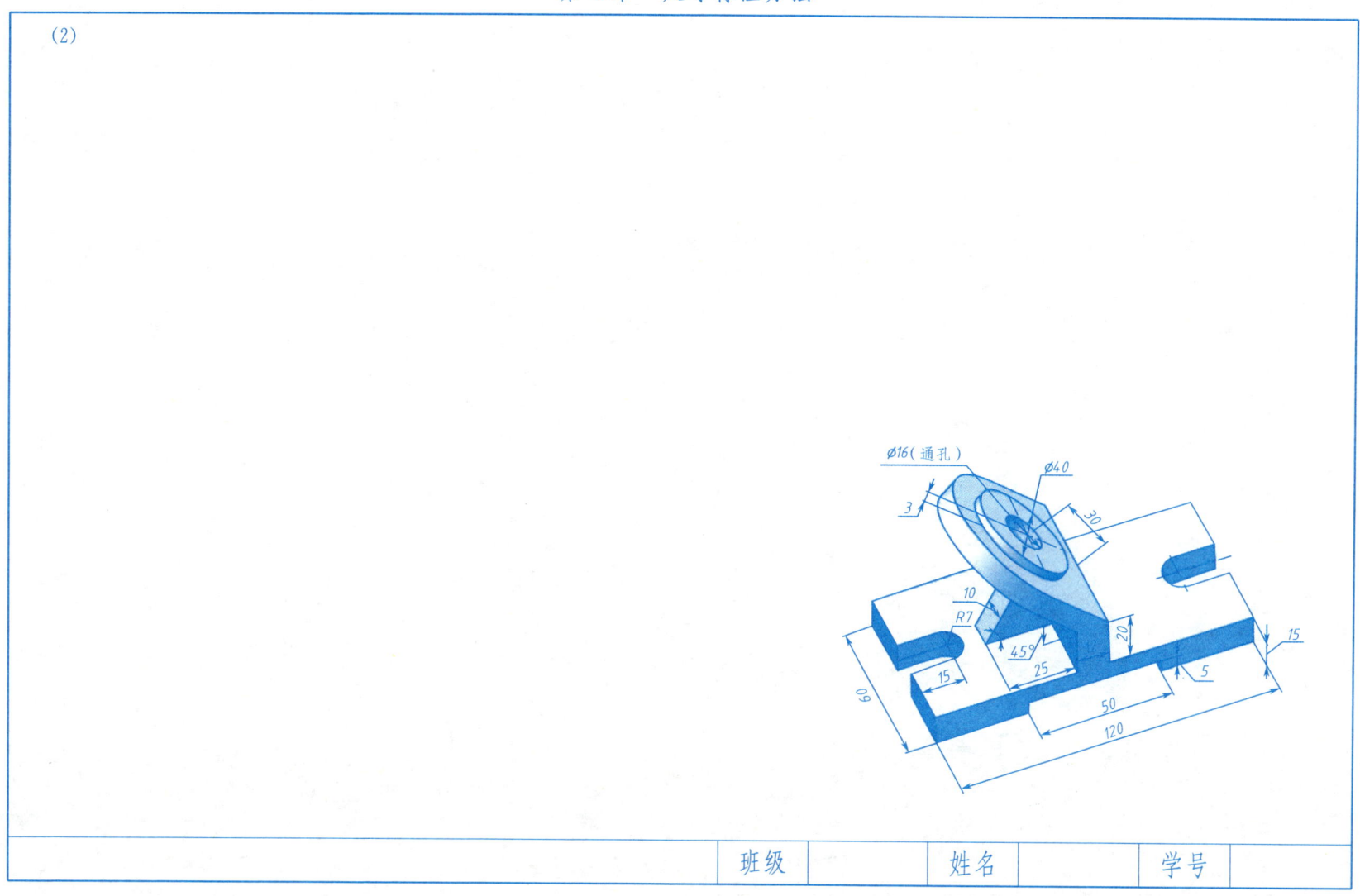

第7章 标准件与常用件

7.1 螺纹

1. 下列四种外螺纹中画法正确的是（　　）。

2. 下列四种内螺纹中画法正确的是（　　）。

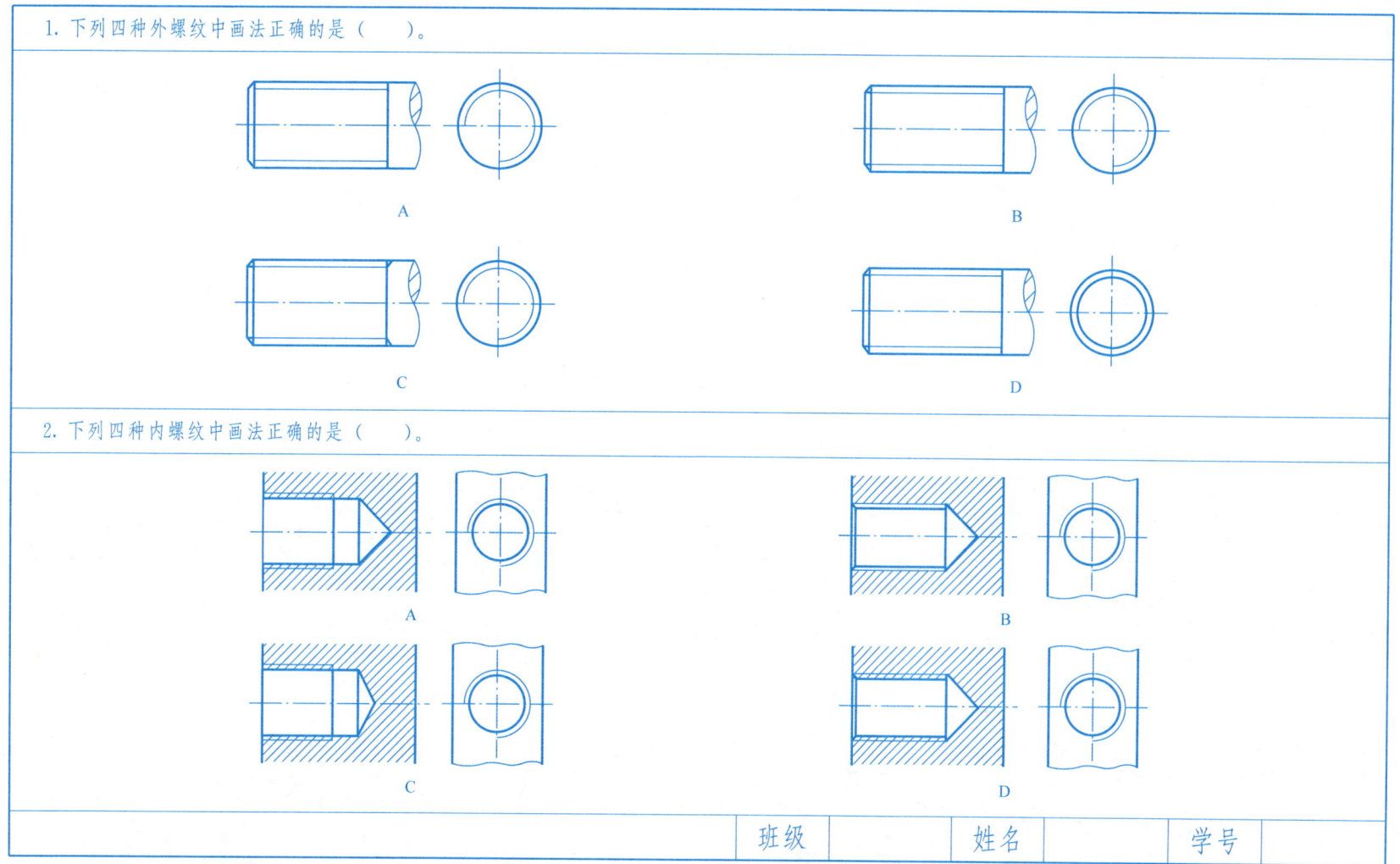

| 班级 | | 姓名 | | 学号 | |

第 7 章　标准件与常用件

3. 补画粗牙普通螺纹及漏线。

(1) 外螺纹

(2) 内螺纹

(3) 内、外螺纹旋合

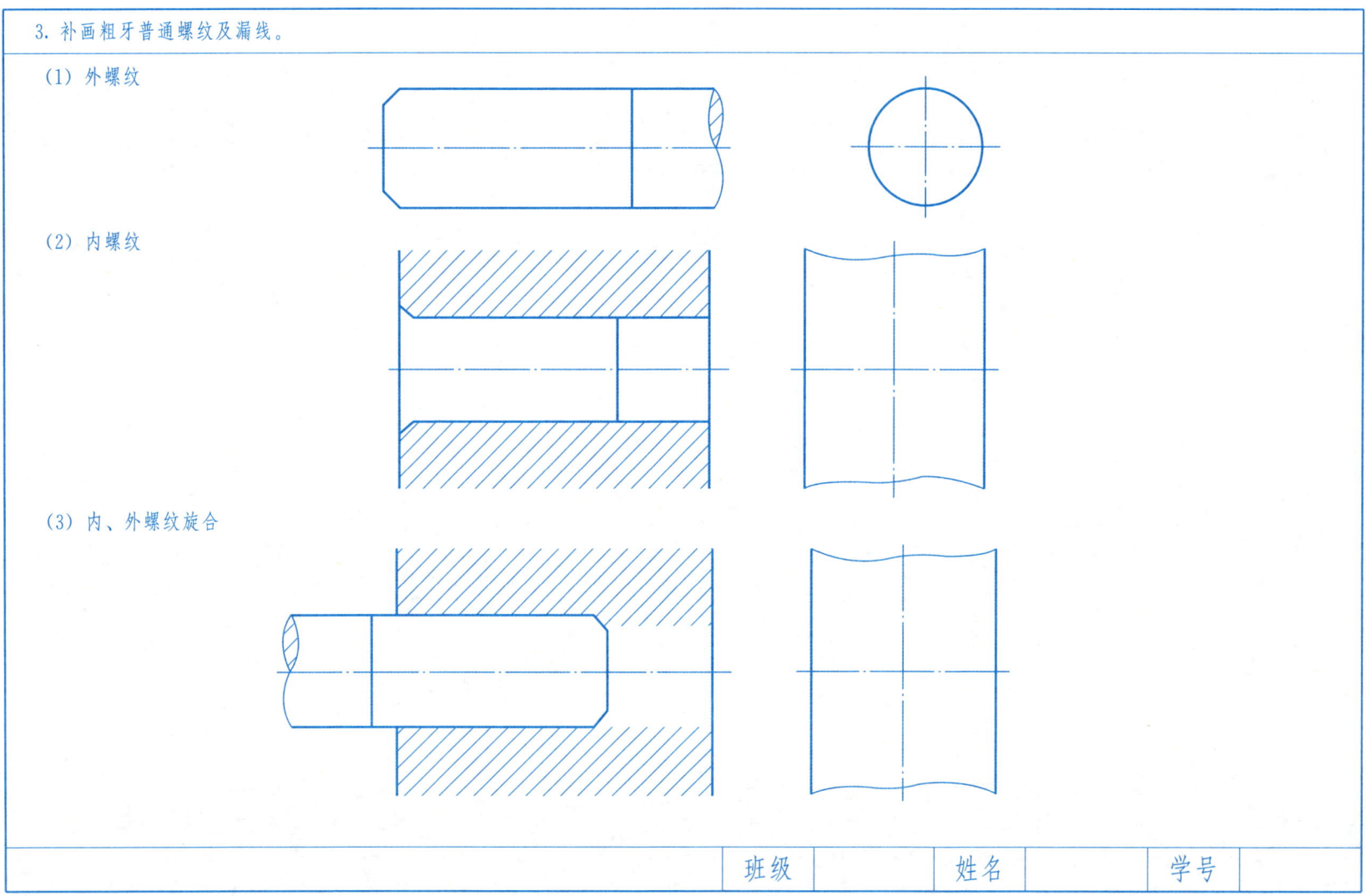

| 班级 | | 姓名 | | 学号 | |

第 7 章 标准件与常用件

4. 根据给定的螺纹要素，完成螺纹的标记。

(1) 粗牙普通螺纹，大径 30mm，螺距 3.5mm，单线，中径和大径公差带代号均为 6g，右旋，中等旋合长度。

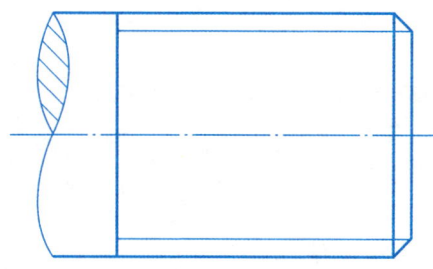

(2) 细牙普通螺纹，大径 30mm，螺距 1.5mm，单线，中径和小径公差带代号均为 5H，左旋，短旋合长度。

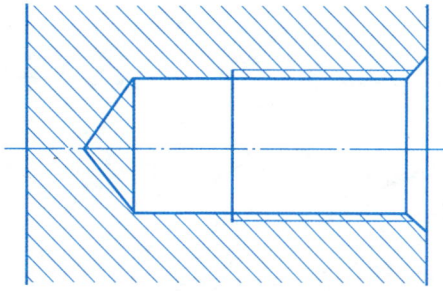

第 7 章 标准件与常用件

7.2 常用螺纹紧固件

1. 下列螺纹旋合画法中正确的是（　　）。

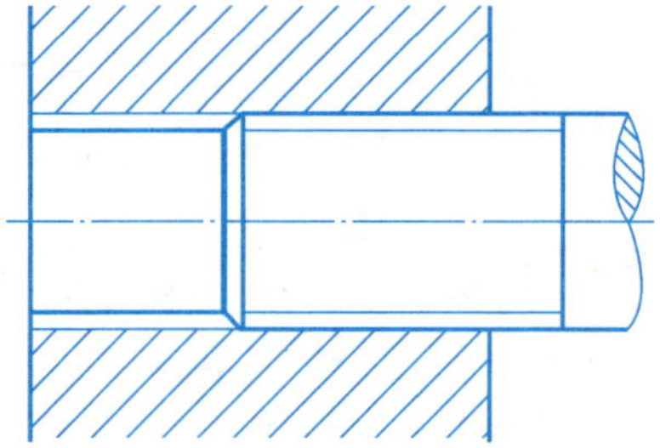

A

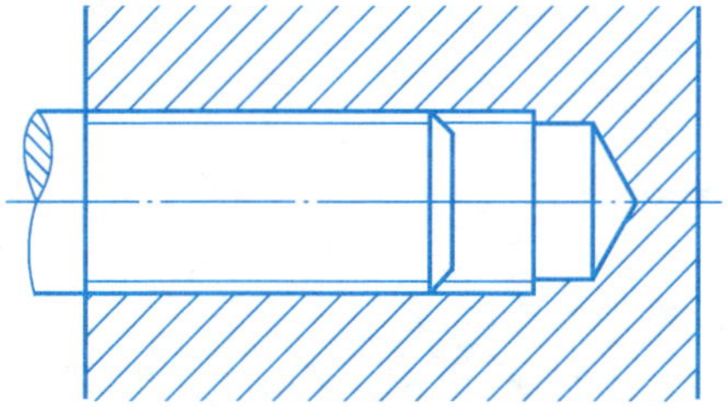

B

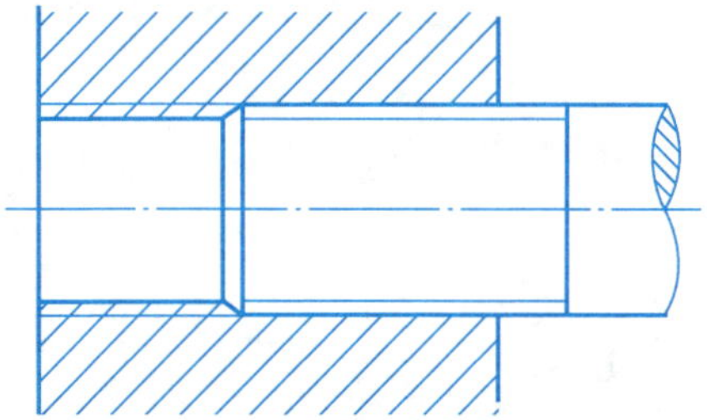

C

2. 补画螺栓连接简化画法中的漏线。

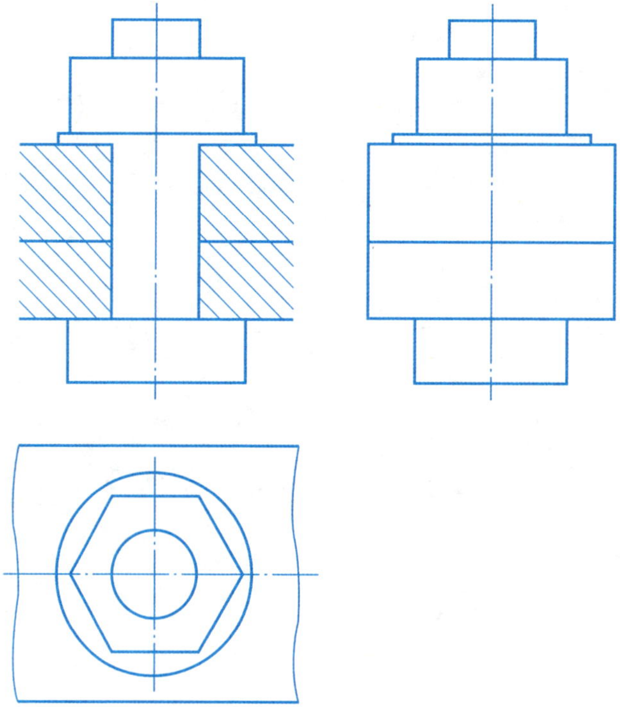

| 班级 | | 姓名 | | 学号 | |

第 7 章 标准件与常用件

3. 完成螺栓连接图（螺栓 M12×55，垫圈 12）。

4. 完成双头螺柱连接图（螺柱 M16×35，垫圈 16）。

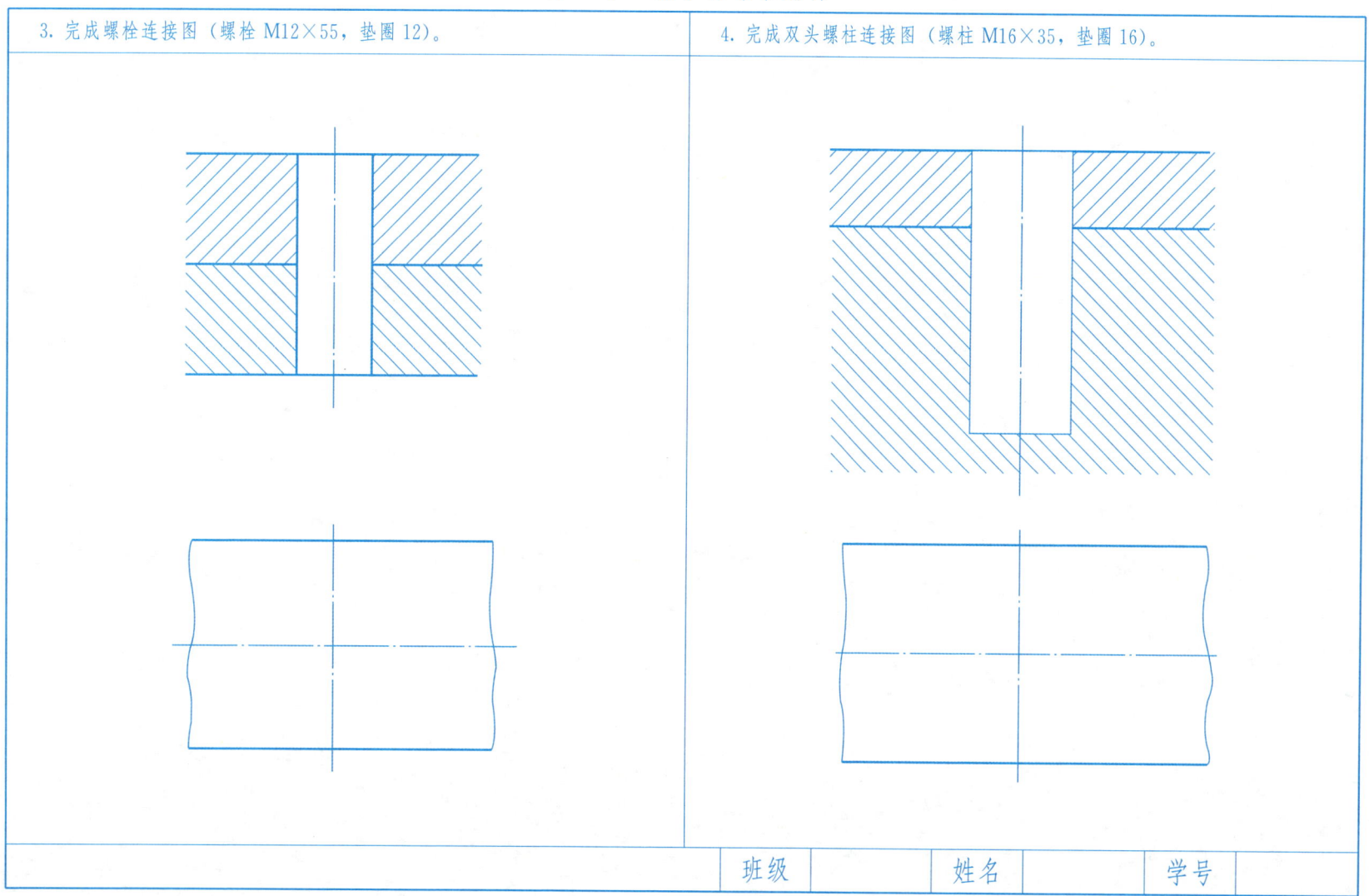

第 7 章 标准件与常用件

7.3 键和销

齿轮和轴用直径为 8mm，长为 45～50mm 的圆柱销连接，补画视图，写出圆柱销的规定标记。

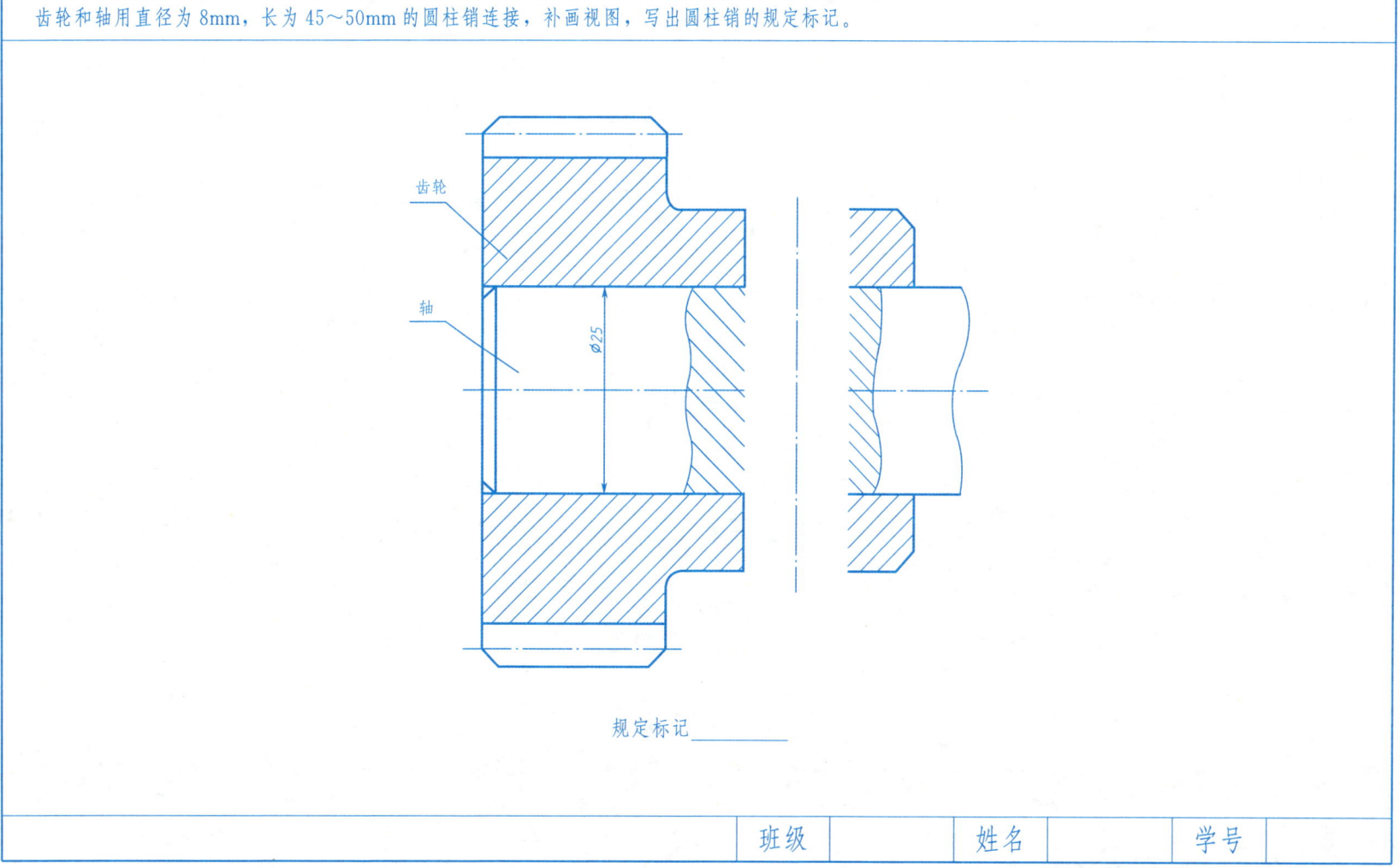

规定标记_____

第7章 标准件与常用件

7.4 齿轮

已知直齿锥齿轮的齿数 $z=25$,模数 $m=4$mm,分度圆锥角 $\delta=45°$,试计算齿轮的各基本尺寸,并完成两视图(比例取 1:1)。

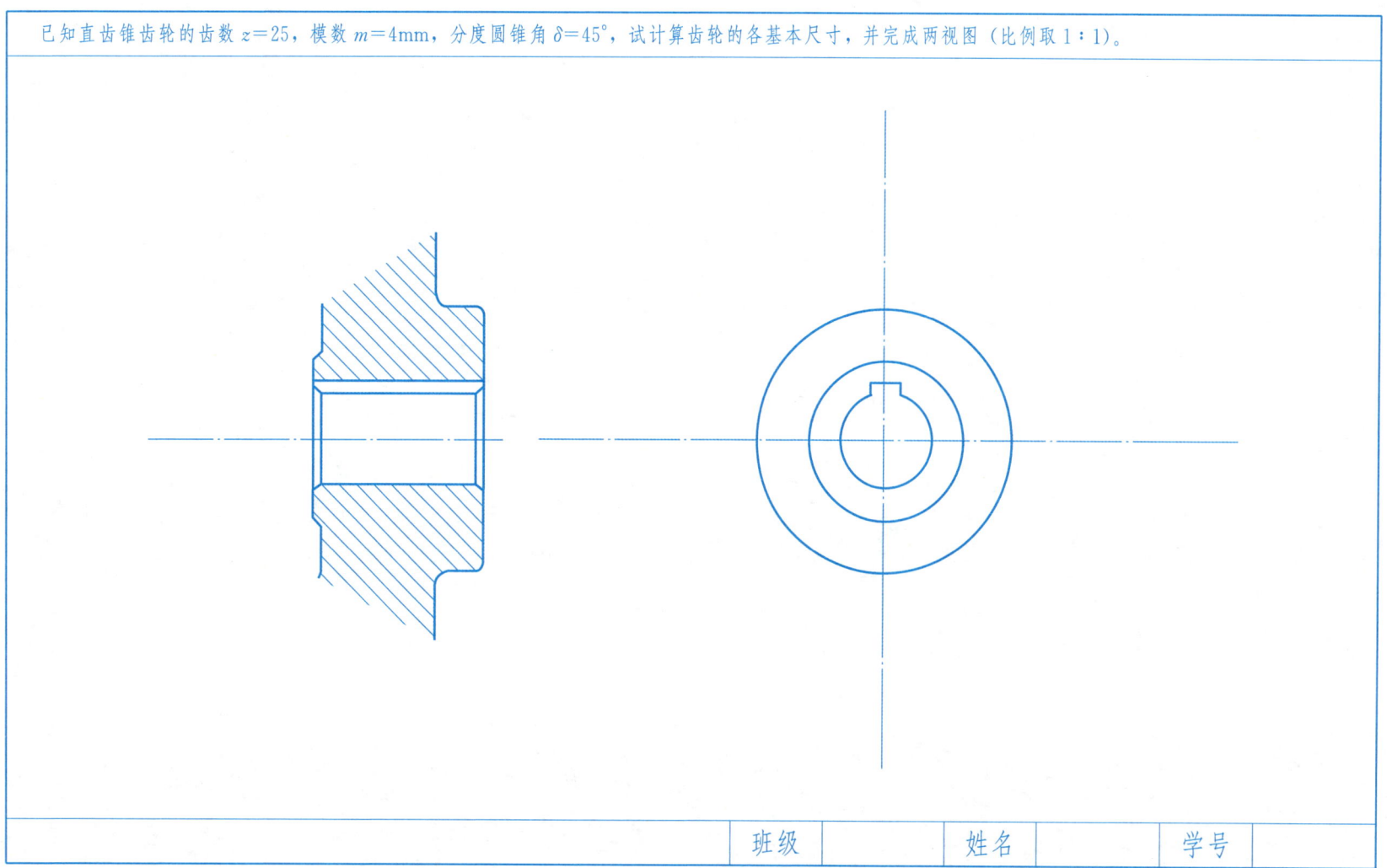

| 班级 | | 姓名 | | 学号 | |

第 7 章　标准件与常用件

7.5　弹　簧

1. 请举例说明，你所见过的弹簧用在何处？起什么作用？

2. 已知圆柱螺旋压缩弹簧的弹簧丝直径 $d=4$mm，弹簧中径 $D=40$mm，节距 $t=10$mm，自由高度 $H_0=80$mm，支承圈数为 2.5 圈，右旋。按 1∶1 的比例画出该弹簧的全剖视图。

| 班级 | | 姓名 | | 学号 | |

第7章 标准件与常用件

7.6 滚动轴承

1. 滚动轴承是支承轴旋转的部件，在机械中得到了广泛的应用，它具有什么特点？若使用过程中滚动轴承损坏会产生什么后果？

2. 滚动轴承的结构一般由哪四部分组成？

班级		姓名		学号	

第8章 零件图

8.1 零件图的基本知识

选择题，每题只有一个正确答案，把正确答案的字母填在括号内。

(1) 任何一台机器或部件，都是由若干（　　）装配起来的。
    A. 配件　　　　　　B. 单元　　　　　　C. 标准件　　　　　　D. 零件

(2) 零件的制造和检验都是根据（　　）上的要求进行的。
    A. 装配图　　　　　B. 零件图　　　　　C. 总装图　　　　　　D. 视图

(3) 一张完整的零件图，应具备一组图形、（　　）、技术要求和标题栏。
    A. 必要尺寸　　　　B. 全部尺寸　　　　C. 重要尺寸　　　　　D. 一般尺寸

(4) 在零件图上应正确、完整、清晰、（　　）地标注零件在制造和检验时所需要的全部尺寸，以确定其结构大小。
    A. 合理　　　　　　B. 齐全　　　　　　C. 清楚　　　　　　　D. 整洁

(5) 下列选项中不属于标题栏填写的内容是（　　）。
    A. 零件的名称　　　B. 零件的材料　　　C. 零件的图样代号　　D. 零件的技术要求

班级		姓名		学号	

第8章 零件图

8.2 零件图的视图选择

1. 零件图的视图选择原则是什么？在选择主视图时，应综合考虑哪些原则？

2. 一个主视图是不能把零件的形状和结构表达完全的，还必须配合其他视图，为什么？举例说明。

| 班级 | | 姓名 | | 学号 | |

第 8 章 零 件 图

8.3 零件图的技术要求

1. 按要求标注零件的表面粗糙度代号。

(1) 表面结构要求的粗糙度值：$\phi 30$ 孔表面为 $Ra3.2\mu m$，$\phi 9$ 孔表面为 $Ra25\mu m$，底面为 $Ra12.5\mu m$。其余表面为毛坯面，不加工。

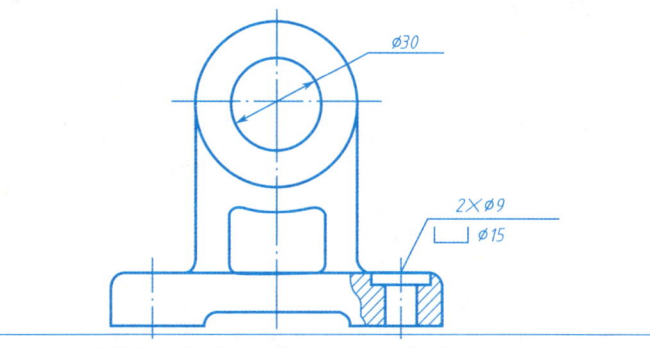

(2) 表面结构要求的粗糙度值：$\phi 30$ 圆柱表面为 $Ra3.2\mu m$，$\phi 10$ 孔表面为 $Ra6.3\mu m$，其余表面为 $Ra12.5\mu m$。

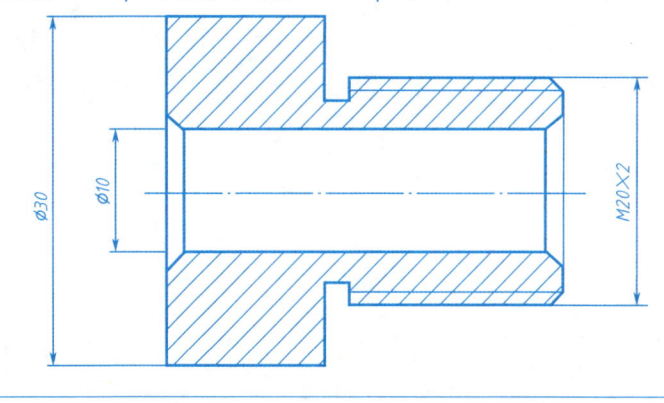

(3) 表面结构要求的粗糙度值：$\phi 20$、$\phi 18$ 圆柱表面为 $Ra1.6\mu m$，M16 螺纹工作表面为 $Ra1.6\mu m$，锥销孔内表面为 $Ra3.2\mu m$，键槽两侧面为 $Ra3.2\mu m$，其余表面为 $Ra12.5\mu m$。

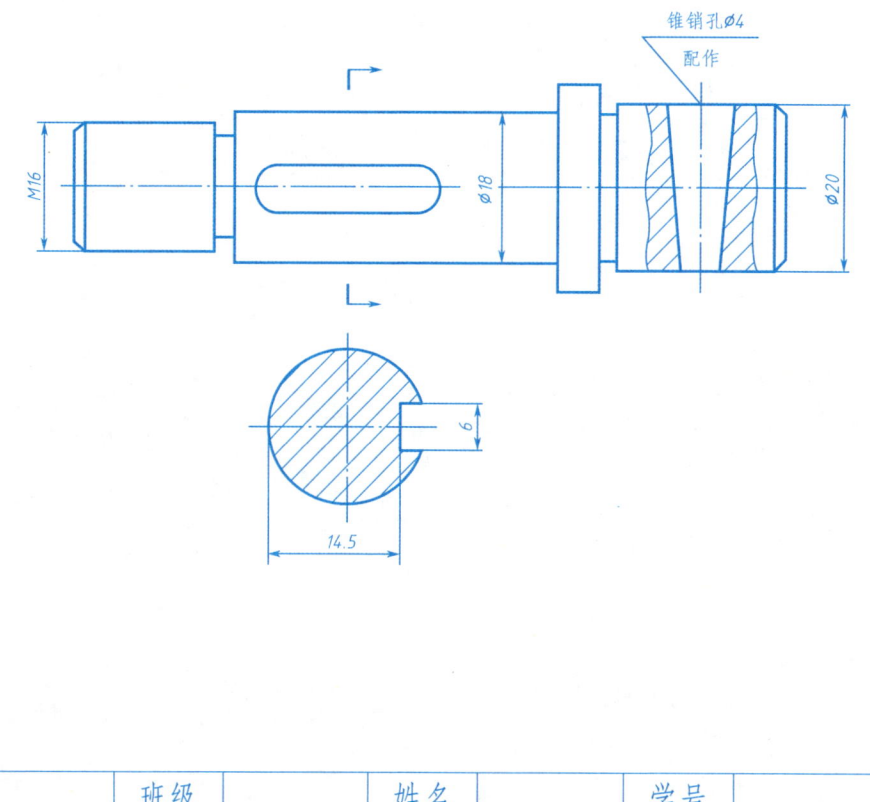

| 班级 | 姓名 | 学号 |

第 8 章 零 件 图

2. 术语解释。

(1) 公称尺寸

(2) 极限尺寸

(3) 极限偏差

(4) 尺寸公差

(5) 公差带

	班级		姓名		学号	

第8章 零件图

3. 配合分为哪几类？各类配合中孔、轴的公差带相互配合位置怎样？

4. 孔和轴的公差带代号是怎样组成的？举例说明。

| 班级 | | 姓名 | | 学号 | |

第 8 章 零 件 图

如何绘制零件图

8.4 零件图的画法

参照立体图，选择合适的表达方案绘制完整的零件图，尺寸从立体图中量取并取整（比例自定）。

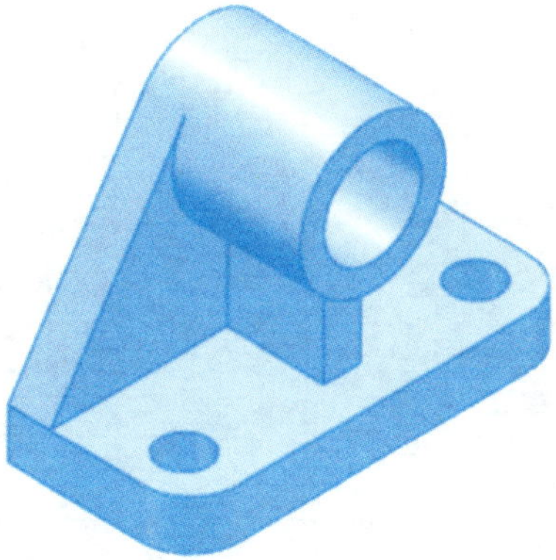

班级		姓名		学号	

第 8 章 零 件 图

8.5 识读零件图

轴套类、轮盘类、叉架类和箱体类零件的视图表达主要遵循什么原则？举例说明如何进行综合分析。

班级		姓名		学号	

第9章 装配图

9.2 装配图的视图和表示方法

选择题，每题只有一个正确答案，把正确答案的字母填在括号内。

(1) 在装配图中，相邻零件的剖面线的倾斜方向应（　　），或方向（　　）而间隔不等。
　　A. 不同　　　B. 相反　　　C. 一致　　　D. 无法判断

(2) 在装配图中，两个相邻零件的接触面和配合面画（　　）条线；凡非接触、非配合的两个表面，无论间隙多小，都必须画（　　）条线。
　　A. 1　　　B. 2　　　C. 3　　　D. 4

(3) 在绘制装配图时，当需要表示运动件的极限位置或相邻关联零件的外廓时，应用（　　）画出零件的轮廓，这种画法称为假想画法。
　　A. 虚线　　　B. 细点画线　　　C. 双点画线　　　D. 粗实线

(4) 在装配图中，当绘制厚度较小的薄片零件、直径较小的细丝弹簧和间隙较小的结构时，若按其实际尺寸在装配图中很难画出或难以明确表达，则允许将它们不按比例而适当地采用（　　）画法画出。
　　A. 假想　　　B. 夸大　　　C. 简化　　　D. 拆卸

(5) 在装配图中，螺母和螺栓头部允许采用简化画法。当绘制相同的螺纹紧固件时，可只画出一处，其余只需用（　　）表示出其所在位置即可。
　　A. 虚线　　　B. 细点画线　　　C. 双点画线　　　D 粗实线

(6) 在装配图中绘图尺寸（　　）的零件被剖切时，可以涂黑代替剖面线。
　　A. ≤1mm　　　B. ≤2mm　　　C. ≤5mm　　　D. ≤10mm

第 9 章 装 配 图

绘制装配图的方法和步骤

9.6 装配图的识读

1. 分析浮动支承装配图并作答，其中选择题每题只有一个正确答案，把正确答案的字母填在括号内。

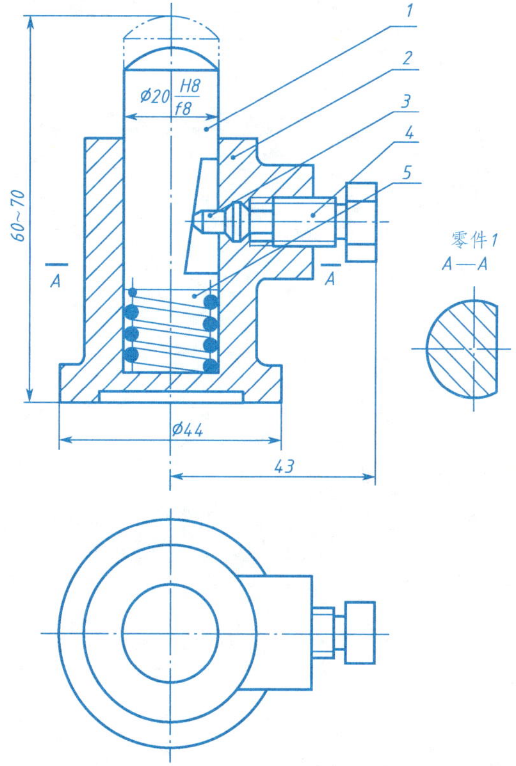

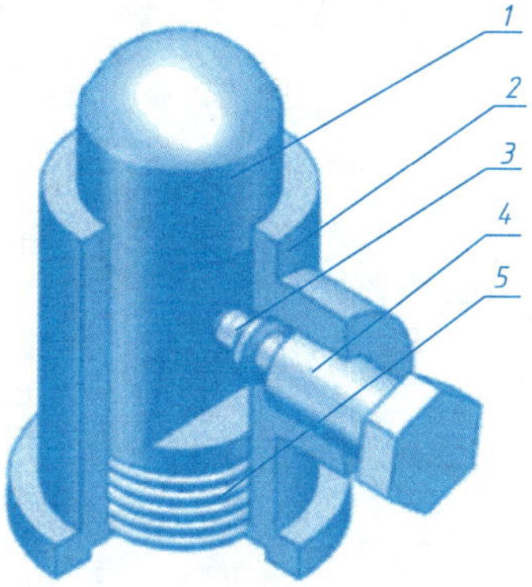

技术要求
装配后支承销活动灵活。

5		弹簧	1	
4	GB/T 5782—2016	螺栓	1	
3		滑柱	1	
2		支承座	1	
1		支撑销	1	
序号	代号	名称	数量	备注

浮动支承 比例 1:2

第9章 装 配 图

(1) 该装配体共由（　　）种零件组成，其中标准件及常用件有（　　）种。
　　A. 1　　　　B. 2　　　　C. 3　　　　D. 5

(2) 该装配体中的标准件为（　　），常用件为（　　）。
　　A. 滑柱　　　B. 螺栓　　　C. 弹簧　　　D. 支撑销

(3) 主视图采用了（　　）表达方法。
　　A. 半剖视图　　B. 局部剖视图　　C. 全剖视图　　D. 基本视图

(4) 主视图中的双点画线代表什么？

(5) 该装配体中 A—A 视图主要表达什么内容？

(6) 为什么主视图中的零件1没有剖切？与该零件画法相同的零件还有哪些？

| 班级 | | 姓名 | | 学号 | |

第 9 章 装 配 图

2. 分析折角阀装配图并作答，其中选择题每题只有一个正确答案，把正确答案的字母填在括号内。

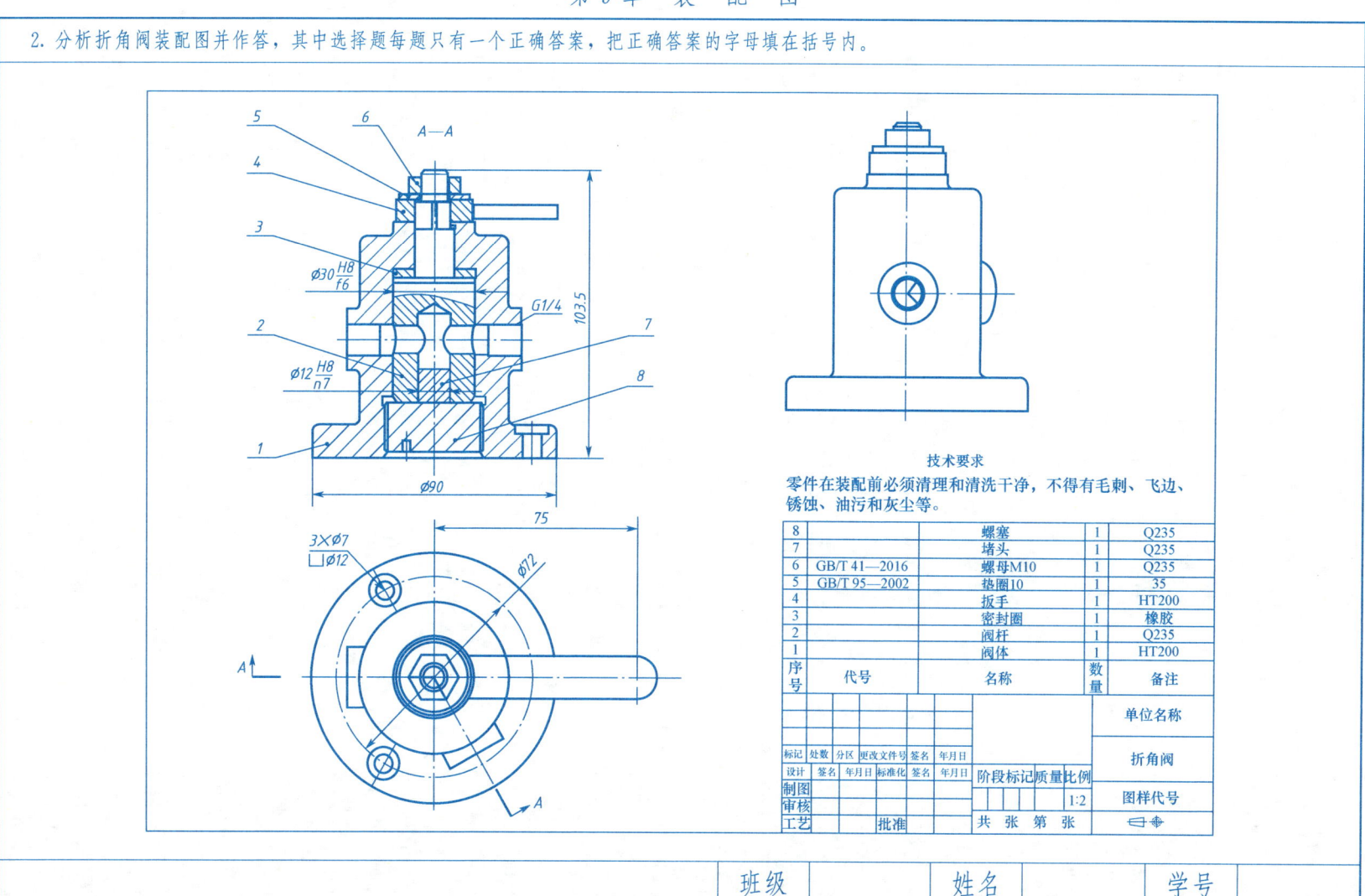

第 9 章 装 配 图

(1) 该装配体共由（　　）种零件组成，其中标准件有（　　）种。
　　A. 1　　　　　B. 2　　　　　C. 6　　　　　D. 8
(2) 该装配体中的标准件为（　　）及垫圈。
　　A. 螺塞　　　　B. 螺母　　　　C. 扳手　　　　D. 密封圈
(3) 图中 $\phi30H8/f6$ 属于（　　）尺寸，其中 H8/f6 称为配合代号，该配合属于基孔制（　　）配合。
　　A. 安装　　　　B. 装配　　　　C. 间隙　　　　D. 过盈
(4) 图中 $\phi72$ 属于（　　）尺寸。
　　A. 安装　　　　B. 配合　　　　C. 装配　　　　D. 外形
(5) 请说明阀杆 2 的拆卸顺序。

(6) 请简述折角阀的工作原理。

| 班级 | | 姓名 | | 学号 | |

第9章 装配图

9.7 由装配图拆画零件图

分析齿轮泵装配图并作答，其中选择题每题只有一个正确答案，把正确答案的字母填在括号内。

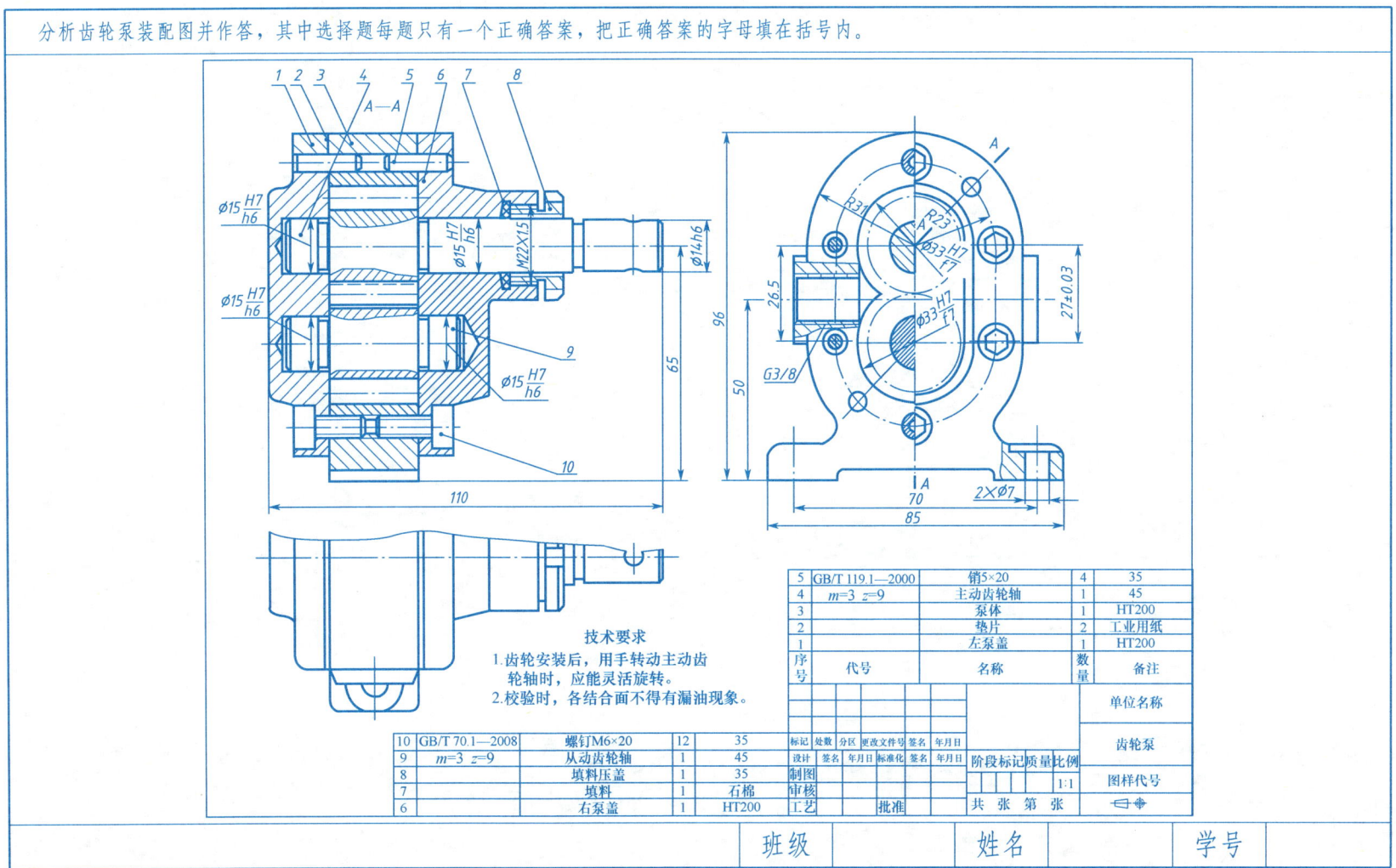

第9章 装 配 图

(1) 齿轮泵由（　　）种零件组成，其中标准件有（　　）种。
　　A. 1　　　B. 2　　　C. 8　　　D. 10

(2) 齿轮泵装配图中，主视图中 A—A 剖视图中采用了（　　），左视图出油口处采用了（　　）表达方法。
　　A. 阶梯剖　　B. 旋转剖　　C. 半剖视图　　D. 局部剖视图

(3) 齿轮泵装配图中，$\phi 33H7/f7$ 是（　　）尺寸，70 是（　　）尺寸。
　　A. 安装　　B. 配合　　C. 相对位置　　D. 外形

(4) $\phi 15H7/h6$ 属于（　　）制的（　　）配合。
　　A. 基轴　　B. 基孔　　C. 间隙　　D. 过盈

(5) 在 A4 图纸上拆画齿轮泵体的零件图（其尺寸按标题栏中的绘图比例从图中直接测量）。

| 班级 | | 姓名 | | 学号 | |